焦虑自救手册

克服焦虑一点也不难

［英］蒂姆·坎托弗 ——————— 著
Tim Cantopher

姜朝骁 ——————— 译

OVERCOMING ANXIETY

Without Fighting It

浙江人民出版社

图书在版编目（CIP）数据

焦虑自救手册：克服焦虑一点也不难／（英）蒂姆·
坎托弗著；姜朝骁译．--杭州：浙江人民出版社，
2022.3（2025.7 重印）
ISBN 978-7-213-09693-8

Ⅰ．①焦… Ⅱ．①蒂…②姜… Ⅲ．①焦虑－心理
调节－通俗读物 Ⅳ．① B842.6-49

中国版本图书馆 CIP 数据核字（2021）第 246316 号

浙江省版权局
著作权合同登记章
图字：11-2020-346 号

焦虑自救手册：克服焦虑一点也不难

[英] 蒂姆·坎托弗 著 姜朝骁 译

出版发行 浙江人民出版社（杭州市环城北路177号 邮编 310006）
市场部电话：（0571）85061682 85176516
责任编辑：尚 婧
特约编辑：楼安娜
营销编辑：陈雯怡 张紫懿 陈芊如
责任校对：何培玉
责任印务：幸天骄
封面设计：新艺书文化有限公司
电脑制版：北京弘文励志文化传播有限公司
印 刷：杭州高腾印务有限公司
开 本：880毫米×1230毫米 1/32 印 张：6.5
字 数：93千字 插 页：2
版 次：2022年3月第1版 印 次：2025年7月第9次印刷
书 号：ISBN 978-7-213-09693-8
定 价：48.00元

如发现印装质量问题，影响阅读，请与市场部联系调换。

谨将此书

献给劳拉，她让我能平静面对复杂的世界

献给汉娜，我钦佩她应对焦虑的勇气和毅力

献给埃伦和戴维，他们面对病痛的坦然也鼓舞了我

导　言

　　我很喜欢萨莉，我一直觉得她是个特别好的人。她非常在乎身边各种人和事，总是努力把事情做好，让一切都平稳顺利。她会竭尽所能、不求回报地争取他人的认可，而她自己对外界的索求却很少。你完全不用担心惹她生气，因为她总是那么随和。萨莉不会评判任何人，却常对自己百般苛责，还会把别人并无恶意的评论或手势理解成对自己的批评，似乎只有这样才符合她对自己、世界和未来的看法。她无时无刻不在与生活中的不确定性作斗争，所以她难以享受片刻的安宁。她总是预想事情最糟糕的结果，所以恐惧时常伴她左右，因此她需要许多的安慰和肯定，只是它们似乎从未到来。她想要万事都在自己的掌控中，像是要牢牢扼住生活的喉咙，生怕它扭头就伤害到自己和自己在乎的人。对她而言，生活就像一条危险的毒蛇。

我最近有好一阵没见到萨莉了。有人说恐惧和严苛的自我要求压垮了她，让她难以应对周围环境和身边的人们。不过，这一切并不令人意外，每当她觉得自己犯了错，就让自己背上沉重的心理负担，并对自己进行言语上的惩罚。现在的她基本深居简出，因为家能给她带来安全感，能让她远离这个"危险"的世界和人们的评判。可惜，她越逃避恐惧，恐惧就越是与日俱增，而她的自信心、社交技巧和处理日常事务的能力却在逐渐消退。很难想象她该如何逃离这画地为牢的境况。

令人遗憾的是，萨莉本可以做许多事，作出许多贡献，如果她能放下对自己的批评，相信她就能重获新生。

特里西娅的性格与萨莉正好相反。不可思议的是，在萨莉闭门不出之前，两人竟还是十分要好的朋友，至少特里西娅是这么说的。实际上，我从没看到特里西娅为萨莉做过什么，她似乎还利用萨莉取悦他人的热诚，占了萨莉的便宜，可特里西娅好像并不在乎自己的这些行为。她的性格冲动、鲁莽又轻率，虽然这确实也是她的一部分魅力所在。她随遇而安、无牵无挂的态度就像一股清新的空气。我不会依赖她，也不想挡着她的路，因为她一定会我行我素，无视其他人的感受。其实特里西娅本可以拉萨莉一把的，但她却没有。论交朋友，我更喜欢萨莉，要是她能有一丁点特里西娅那种无忧无虑的性格就好了。

这对萨莉而言可能吗？虽然她是最近才避世的，但她其实一直都有焦虑的倾向。为什么她那么在乎一些事情并且总是活在恐惧中？萨莉和特里西娅为人处事的差别源自何处？两人差异的背后是否代表着核心世界观的不同？她们是生来如此，还是由于性格形成期的不同经历造就了今天的她们？为何萨莉会有这种变化？她的生活为什么会被焦虑支配？她的状况能够好起来吗？是成为萨莉更好，还是成为特里西娅更好？恐惧的尺度该如何把握？人真的能改变吗？或者说，萨莉目前面临的问题是不是其性格导致的必然结果，一切是否还有挽回的可能？

我希望能在本书中回答上述的一些问题。当下，仍有许多人长期饱受焦虑困扰，尽管现在的疗愈手段已经能使这类心理问题得到很好的解决。细究仍有许多人长期深陷其中的原因，很可能是他们没有向医生诉说自己的困扰，这反映出患者对这类问题的羞耻和避讳心理。所以，如果你认识萨莉，或者任何像她一样被焦虑支配的人，请一定告诉她：**这不是她的错，而是一种疾病使然，目前的情况已经超出她能控制的范围**。但请放心，**焦虑是可以被治愈的**。虽然英国国家医疗服务体系（National Health Service，NHS）的资源有限，萨莉可能要努力争取才能获得必要的帮助，但这一切都是值得的，经过治疗她就能够摆脱如影随形的恐惧和痛苦，生活也会因此变得更好！

我也想对手捧此书的你说（我知道你可能不叫萨

莉），在迈出摆脱焦虑的第一步之前，请先向我和你自己保证，**你不会评价自己在整个疗愈过程中的表现。**克服焦虑是一个长期的过程，会经历起伏和反复，但只要持之以恒，情况肯定会有所改善。你其实很了解自己，一旦出现问题就容易自我责备，觉得状况出现一次反复就意味着功亏一篑，还总要求自己尽善尽美，期盼生活能给予自己明确的结果。在治疗焦虑的过程中，请不要这样要求自己。相信我，**没必要把它想得那么难，你不用再与焦虑继续战斗了**（这一点非常重要，我会在后文详细说明）。读一读这本书吧，在做好准备后去看一下医生（原文为 general practitioner，社区门诊的全科医生，属于 NHS 系统中的初级医疗，后文中出现的"医生"均指这类社区医生），把你的焦虑状况告诉他们，并向他们寻求专业帮助。就这样按部就班地跟着疗愈的方向走，最终你会发现，这一切努力都是值得的。

如非特别说明，本书所使用的人称性别是随机的。这是考虑到表达的方便，并不表示所述情况在两性之间存在差异。本书中出现的事例也都会以某性别为例来进行阐述，这是为了方便读者想象事例中的人物。这种性别选择也是随机的，并不表明该案例中的情况仅限于某种性别，或是在某种性别中更为常见。

目　录

第一部分

关于焦虑，你需要知道的事情

第一章
焦虑为何物

答案很简单，焦虑就是恐惧。它是一种正常、健康的情绪，几乎所有人都会拥有这种感觉（冷血精神病患者除外，我在后文会加以解释）。在适当的时间和地点里，我们需要焦虑来督促我们前进，或者帮助我们避开危险。我之所以在工作中尽量遵守日程安排，原因之一是我努力避免病人因候诊过久而生气的情况，否则我也会感到焦虑。要是没有焦虑，如果你在周六晚上的火车站附近遇到成群游荡的醉酒球迷，你就不会主动避开他们——这显然太危险了。总的来说，**一定程度的焦虑能帮助我们作出安全、正确的决定。**

来自原始的"生存之道"

焦虑是"战逃反应"(fight-or-flight reaction)的一部分。在自然选择的过程中,这种察觉到危险就能立马作出反应的能力被保留下来代代相传,其源头可以追溯到低等灵长类动物。战逃反应非常高效,能使处于休息中的动物迅速进入全力战斗或奔跑的状态,实现这一效果主要是通过调节肾上腺素。当动物感知到威胁时,机体就会分泌这种神奇的物质。对我们的祖先来说,肾上腺素发挥了巨大作用,让生活在原始平原上的他们能更快地逃离剑齿虎等捕食者的追杀。肾上腺素能使他们的心率加快,让更多血液流向参与应对危险的肌肉和内脏(你肯定也曾注意到,人在极度紧张或受惊的状态下脸会变得苍白)。它还会使人流汗,帮助机体在逃离追击或与敌人战斗的过程中散热。肾上腺素还能增强人的所有感觉(让人们觉得视野更亮、声音更响、气味更浓),并且促进肠胃向两端排空(在减轻体重、跑得更快的同时,留下气味痕迹来迷惑追踪者)。与此同时,肌肉也会进入紧张状态，准备好殊死搏斗，尤其是手臂、肩膀和腿上用于投掷、撕扯、捶打、踢踹和奔跑的"爆发肌群"。除此之外，我们的祖先还会耸起肩膀把自己的身体蜷缩得尽量小，以躲避动物的扑击或投射而来的武器。

所以，在面对剑齿虎或者手持利刃的敌人时，焦虑发挥着举足轻重的作用。其他类型的焦虑也都在远古时期就得到了继承。比如，对蜘蛛和蛇的恐惧可能会提升我们祖先的生存概率。但为什么对蛇的恐惧很普遍，而对电的恐惧却很少见呢？这是因为蛇类及其带来的危险相对来说存在更为久远，所以自然选择也更有可能把对它们的恐惧镌刻在了我们的基因里。

恐惧旷野、空地的现象在小型哺乳动物中十分普遍，或也出于类似的原因。比如，处于食物链底层的老鼠在穿过房间时总喜欢贴着墙根，如果不让它这么做，它就会表现得很恐慌，因为对啮齿类动物来说，对空地的恐惧能提高它的生存概率。

不过，在今天的工作和生活中，并没有那么多危险的动物或场合能威胁到我们的人身安全。这恰是问题所在：我们的身体已经"过时"，它更适应几百万年前而非今天的世界。在现代社会中，能让人在生育年龄前早逝的因素并不多，因而自然选择也就停止了。此外，我们在任何时候都无法区分恐惧（焦虑）和生气（愤怒），所以在这两种情况下我们的身体都会做好殊死搏斗的准备。

唤醒水平与行为表现

在心理学上，机体普遍存在的一种生理和心理激活状态被称为唤醒（arousal）。人的唤醒水平是连续变化的，从最低水平的深度睡眠开始，逐渐发展到放松、警觉、紧张，最终到达高水平的惊吓和惊恐状态。焦虑就位于这样一个连续统（continuum）的中间状态。心理学家耶克斯（R. M. Yerkes）和多德森（J. D. Dodson）研究发现，人的行为表现与唤醒水平息息相关，两者的关系呈现为一种倒 U 形曲线关系。当唤醒水平升高到一定程度时，人的表现到达高峰，之后就进入一个峰值平台期。但当唤醒水平进一步升高时，人的表现却会呈现为断崖式的减退。因此，高唤醒水平只需有些许升高，人就很快会从最佳状态转变为惊慌失措的状态。

当唤醒水平或是感受到的恐惧大小与身处场合不相符合时，就会带来大问题。比如，长期处于恐惧状态，或是下意识地对特定无害的事物、场景产生恐惧；即使在大多数人都能承受的恐惧水平下，仍难以完成该做或想做的事；深陷于恐惧引发的情绪、感受或病症所带来的折磨中；反复经历着断崖式的高唤醒水平的滑坡；由于生气和愤怒总表现得焦躁不安；等等。

不孤单的恐惧

如果恐惧使你无法正常生活和工作，并且它反复、经常地发生，那么你有可能患上了焦虑障碍。但即便如此你也不用过于担心，虽然你可能会感到孤单，可你不是一个人在战斗。焦虑问题十分常见，大约 1/3 的女性和 1/5 的男性都会在某个时间点表现出某些焦虑障碍的症状。约 1/10 的人偶尔会遭遇惊恐发作

（panic attack）或是患有某种特定的恐惧症（比如对动物的恐惧或对污秽的恐惧等），1/7 的人有社交焦虑障碍，1/30 的人有广场恐怖。大约有 1/20 到 1/10 的人因为持续的焦虑障碍（一类没有特定焦点的恐惧）而丧失正常生活和工作的能力。1/20 的人因健康焦虑难以享受正常的生活，而在医生的候诊室里，这一比例竟高达 1/5。

焦虑障碍在女性中尤为常见，她们患病的概率差不多是男性的两倍。遭受分居、离婚、失业等问题的人，以及全职从事家务的人相对更容易患上焦虑障碍。同样，还有许多人出于各种原因被孤立，难以获得多数人用以维持心理健康的社交支持，这使得他们更易受到焦虑的打击。

值得注意的是，焦虑障碍与抑郁症（如重度抑郁）的表现有许多重合之处。许多抑郁症患者同时也深受焦虑的困扰，但大部分焦虑障碍病人并没有抑郁问题，只是他们中的大多数容易情绪低落，有时可能情况还比较严重。如果你最大的痛苦来自沉重、黑暗的抑郁，那么我建议你读一读我的另一本书《抑郁症：

强者的诅咒（暂译名）》（*Depressive Illness： The Curse of the Strong*）。另外，请答应我，去找医生寻求专业帮助。

初识几类焦虑

焦虑的表现形式和程度多有不同，在此有必要对它们加以详述。我不会在本书中讨论强迫症（obsessive-compulsive disorder，OCD）和创伤后应激障碍（post-traumatic stress disorder，PTSD），虽然它们也是焦虑所引发的病症，但两者涉及内容较广，需要著书专门探讨。好在目前市面上已经有一些优秀的著作能帮助深受这两类问题困扰的人们，感兴趣的读者可以任选一本来阅读。

下面就让我们来了解几类典型的焦虑障碍。

广泛性焦虑障碍（generalized anxiety disorder，GAD）是一种持续性的恐惧状态。患者感觉灾难无处不在，一旦放下警惕它就会袭来。这就是该病的症结所在，它会使患者认为自己必须时刻保持戒备，不然危险就会乘虚而入。他们会时不时警惕地扫视四周，搜寻危险的迹象；有时尽管他们努力想要放松，却依旧忧心忡忡。他们的手臂、肩膀和双腿上的肌肉因此永远紧绷着，这些爆发肌群，由于难以承受长时间的紧张状态而极易发生抽筋与痉挛。此外，他们还很容易有心跳加快、呼吸急促和血压升高等身体反应，并常伴有腹泻和反胃。换言之，这类焦虑会使人或多或少地受到肾上腺素的持续性支配，让人感到难以入睡，很难放松，并且常常易惊易怒。这是因为大脑长期处于过度唤醒的状态，一直在高负荷运转着。

惊恐障碍（panic disorder，PD）患者相比之下在大部分时间里不那么焦虑，但在突然间或某种条件被触发时，他们会表现出完整的"战逃反应"（惊恐发作），伴随着呼吸急促、心跳加快、出汗不止、反胃恶心和逃跑冲动，有时甚至还有昏厥或濒死感（别担心，这只是感觉，并不是现实情况）。如果惊恐发作与社交恐惧相关，那么他们可能还会满脸通红。有些人可能同时患有广泛性焦虑障碍和惊恐障碍，而另一些人在惊恐发作的间歇期并不会感到特别焦虑。惊恐发作的时候，有的患者甚至会在夜晚的睡梦中惊醒。

恐怖性焦虑障碍（phobic anxiety disorder，PAD）是一个比较笼统的概念，指由特定物体（如某种动物）或特定场景（如被困于封闭空间）所引发的焦虑。当患者预想的某种场景出现时，恐惧就开始增长，他们的身体会产生一系列前文提及的症状，并诱发回避行为。随着时间的推移，恐惧会不断加深，只有进一步回避才能有所缓解，最终形成一个恶性循环。

在此，我认为有必要对广场恐怖和社交焦虑障碍进行单独说明，因为它们与上文提到的恐怖性焦虑障碍有许多不同之处。

广场恐怖（agoraphobia，AP）是指对开阔空间的恐惧。现实生活中，患者离家或离有安全感的环境越远，恐惧感就越强烈。当离开安全空间时，他们就会表现出强烈的焦虑和随之而来的身体症状。他们可能会遭受惊恐发作，对恐惧本身的恐惧逐渐加剧，产生不亚于身处旷野带来的惧怕感。亲爱的读者，你们可能发现了，广场恐怖和惊恐障碍的表现多有重合。发作时患者担心自己会失控，害怕自己在公众场合陷入尴尬的境地，又或者害怕晕倒、发疯或死亡（但请放心，这些状况不会发生）。

社交焦虑障碍（social phobia，SP）也称为社交恐惧症，是指由于低自尊和羞怯导致患者对他人看法过度敏感而引发的恐惧，它常会使人难以正常地生活。在社交恐惧下，患者会感到在公共场合缺乏自信、没有安全感，对尴尬出丑的恐惧就足以将他们吞没。通常他们会担心自己满脸通红，想象着每个人都对自己涨红的脸指指点点。而此时产生的焦虑可能会使他们真的面部充血，进一步坐实了之前的恐惧。患者还可能会担心失禁，并由此迫切地想上厕所；或者患者会担心身体正在颤抖，而这又会让他们真的手抖不已。社交焦虑可能仅发生在当众演讲等需要表演的场合，也可能出现在任何涉及人际互动的场景中。

健康焦虑障碍（health anxiety disorder，HAD）是指对重病或致命疾病产生持续不断的恐惧。有些患者或许患有已确诊的生理疾病，也或许没有，但关键的是严重的焦虑及其伴随的症状所带来的痛苦远超真实存在的生理病变。这里的问题是，如何判断出现症状并不是有致命风险的重病征兆？也许只是医生还没发现呢？实际上，人们对任何事都不会有百分百的把握。多数医生认为检查要有限度，如果先前的检查未发现需要治疗的问题，那后续检查也不应该无限制地进行下去了。但健康焦虑障碍患者会不受控制地寻找身体不适的原因，确信自己一定得了重病。每一天甚至每一分钟，他们都会焦虑地思考自己恐惧的问题，如前文所述，这种焦虑又会带来更多的症状。听了这样的解释，你可能会好奇：难道这都是他们想象出来的吗？不，我并没有这个意思。这些症状和痛苦都是真实存在的。只不过，真正需要关注的问题是导致它们的原因是什么，以及应该如何进行治疗。在我看来，这是最难疗愈的一种焦虑障碍。一方面医生会倾听、尊重患者的忧虑，同意继续进行检查；另一方面过度检查可能会使患者的焦虑障碍状与日俱增。这两者的界限实在是很模糊。针对这个难题，我在后文会提出一个解决方案，此处不再详细展开。

那么，什么样的人会患上这些疾病呢？我会在第二章介绍焦虑的起因和发展。从我的经验来看，焦虑障碍患者通常对自己的评价比较低（对世界和未来的态度也比较悲观），并且为自己感到羞耻。现在世上有许多理应为自己感到羞愧的人（想想威斯敏斯特宫、白宫和克林姆林宫里的人），但绝不该是这些努力生活的人们。现在，那些本该羞耻的人寡廉鲜耻，而不该羞愧的人却反而为此饱受折磨，这其中或许隐藏着什么关键信息……

第二章
是什么让你焦虑

有这样一则故事：在 20 世纪 50 年代，一位记者采访时任英国首相哈罗德·麦克米伦（Harold Macmillan），问他在政治生涯中最害怕的是什么。麦克米伦答道："状况，小伙子，是层出不穷的状况。"或许就像美国人常爱说的：糟心事儿总会发生的。所以，这就是焦虑产生的原因吗？它来自我们身上发生的事情？人们是否认为生活会沿着现有的轨道，一直向着坏的方向发展下去？最焦虑的人是否也承受了最多的挫折？某种程度上来说确实如此，但焦虑的起因实则比这复杂得多。目前来看，对未来失去乐观期望更容易引发抑郁而非焦虑。如果抑郁是对未来感到绝望、对失去的一切感到悲伤，那么焦虑就是害怕未来会越变越糟，恐惧当下拥有的一切会被夺走。由此，我认为应对焦虑的关键在于**更多地关注自身与未来的关系，而非沉溺在自己与过去的联系里**。

是基因决定了焦虑吗

首先，我们得理解焦虑来自何处，不妨就从最根本的基因开始谈起。我们的焦虑倾向似乎很大程度上来自父母。有研究表明，父母对子女焦虑的影响一部分表现为基因遗传。科研人员在实验中考察了异卵双胞胎中一人患焦虑障碍且另一人同样患病的概率，并将所得结果与相同条件下的同卵双胞胎进行比较。该实验区分了基因因素（同卵双胞胎的基因相同，异卵双胞胎的基因不同）和环境或者说后天学习因素（两类双胞胎各自情况相同）对人的影响。虽然该研究未能就焦虑的先天来源给出明确的答案，但从其结果来看，我们可以知道至少对于绝大部分的焦虑障碍而言，童年环境似乎比基因有更大的影响。不过，就广泛性焦虑障碍来说，基因对其的影响更为显著，这可能是由于该疾病与抑郁症（抑郁症有很强的遗传基础）存在相似之处，这点在第一章中已有讨论。

总之，别把你的焦虑归咎于基因。

相关的脑研究证据

多年来，生物精神病学家一直试图用大脑某些部分或系统功能异常来解释焦虑障碍，可惜目前为止这些研究进展并不顺利。该领域的研究理论众多，老实说这让我也很头疼，但其中不乏清晰明确又值得我们学习的知识。

恐惧似乎主要产生于大脑深处一种叫杏仁核（amygdala）的结构，它的功能是在感知到威胁或缺乏安全感时，向大脑其他部分发送神经脉冲。其效果是激活大脑的相关结构，尤其是脑干和下丘脑（hypothalamus）的一些结构，其中下丘脑也参与控制"战逃反应"和身体应对压力的长期反应。人类与其他灵长类动物的大脑中普遍都有杏仁核，这是一种原始的大脑结构，在不被阻止的情况下可以自动发挥职能。杏仁核唯一的监管来自大脑皮层，即我们的意识——大脑进行"思考"的部分。这意味着，如果我们没能有意识地去控制恐惧，那么它就会像风暴摆布无舵之船那样轻易地控制我们，而这背后的始作俑者就是杏仁核。

当杏仁核处于活跃状态时会触发一连串事件，其短期效应是分泌肾上腺素，使身体进入"战逃反应"状态。从长期来看，如果面临的危险持续存在，身体则会采用另一套反应顺序，优先降低身体机能来促使动物逃离危险、减轻炎症。为此，下丘脑会启动一系列反应来分泌皮质醇（cortisol），这是一种减缓新陈代谢和炎症反应的激素。这套机制非常高明：短期反应释放肾上腺素，将战斗获胜率和逃跑成功率最大化；如果危险持续存在，那么长期反应会释放皮质醇，使人在尽量逃离危险的同时开启机体修复状态。因此，肾上腺素是应对短期压力的激素，而皮质醇则用于应对长期压力。

人类的婴儿就像尚未输入程序的电脑，童年时期的经历就像是在对大脑进行"编码"和"设定校准"。如果一个孩子在幼年时遭受了许多压力、恐惧和创伤，那么她的杏仁核和下丘脑就开始变得对危险高度戒备，也就是说，她的大脑调高了面对危险或压力的反应级别。成年以后，她已经完全做好应对各种场景的准备，面对压力时就会触发大脑中早已设定好的一系列反应。不难想象，她面对来自外界和内心的危险信号时会表现得特别敏感。

血液中的二氧化碳水平也属于前文提及的危险信号。高浓度的二氧化碳（暗示着窒息）会激活杏仁核产生恐惧，这一点所有人都是如此。但如果由于早年的生活压力杏仁核本来就特别敏感，那么即使是低浓度的二氧化碳（比如由于呼吸频率加快所导致的）也会将其激活。所以，如果有人因儿时经历而对压力过于敏感，当过多的空气进入肺部时也能使他感到焦虑。对于这样的人来说，正常生活也是一件十分艰难的事情。首先，这些人的杏仁核本就时刻准备好启动压力反应，能让她们的呼吸快速急促起来；其次，身体进入压力反应状态后，空气的吸入量变大，这又会触发另一个开关，加剧身体的紧张反应。对大多数人来说，面对危险时只是身体本身作出一定的反应；而对那些很容易感到焦虑的人来说，她们会让自己的身体作出进一步的反应。换言之，如果身体表现出压力迹象，她们就会认为身边存在危险，这就形成了焦虑不断升级的恶性循环。

在活跃于大脑的化学物质里，有三种化学递质（一种能使神经脉冲信号在神经细胞间传递的物质）与焦虑有关，分别是过度活跃的去甲肾上腺素（noradrenaline）、不够活跃的 γ- 氨基丁酸（gamma-aminobutyric acid）和活跃度过高或过低的 5- 羟色胺（serotonin，又名血清素）。是不是感觉被这些名词绕晕了？别担心，其实我也一样。过去，抗焦虑药物就作用于上述递质活跃的神经化学系统中，所以这些相关的系统对大脑有很重要的意义。比如，阿片系统（opiate system）与焦虑有关，这就是为什么吗啡（morphine）和海洛因（heroin）这样的毒品会有镇静和缓解焦虑的效果（但经常使用它们会加重焦虑）。实际上，我们自身也会产生一种类似阿片的物质——

内啡肽（endorphin），它能让我们感到平静、安乐，而且不会产生像阿片那样的毒品所带来的不良影响。例如，运动和冥想等行为就可以促进人体分泌内啡肽。

读到这里，你也许已经把前面讲的生理学知识忘得差不多了。但没关系，记住以下这段话就好：如果你一直饱受焦虑的困扰，这并不是什么性格弱点，更不是臆想出来的，而是大脑的"编码"和"设定"出了问题。它们都是可以被解决的，你需要做的，只是改变自己的思维方式和生活习惯。

这是一种性格吗

经常有人对我说："我一直都很焦虑，我的性格就是这样的。"言外之意，性格很难改变，所以我们对焦虑也束手无策。

但事实并非如此。人的性格一直在改变，现在的我和 20 岁的我截然不同，工作时的我和居家时的我也同样判若两人。我的性格会不断变化来适应不同的环境，所有人都是如此。那到底什么是性格呢？我认为将其视作行为的产物最恰当。如果你形容某人很"外向"，其实是想表达他经常走出家门进行社交活动；如果你说某人很"自信"，指的也是他的行为举止很自信。可是，谁会知道他的内心感受究竟如何呢？事实上，如果他长期保持着举手投足的自信，那他很可能当下确实也能感觉到自信。心理学有一条基本原则：**行为会改变并塑造一个人**。这也是为什么在 20 世纪 70 年代，许多孩子在玩"灵验盘"（一种降灵占卜游戏，类似于"碟仙"）时碰到了麻烦。其实不是他们真的被灵体附身，而是由于长期怪诞的行为改变了他们。出于同样的原因，像匿名戒酒互助会（Alcoholics Anonymous，AA）这样优秀的组织也会告诉会员们要"弄假成真"，行为上的"假装"会帮助他们达成最后的目标。这给我们带来启示，**说明人能通过改变行为最终改变自己**。

在这一领域，有许多研究者在探讨所谓焦虑和抑郁背后的"脆弱因子"，但我对这一说法不敢苟同。诚然，患有焦虑障碍的人时常会比较敏感，喜欢自省，对自身评价较低的同时又有极高的自我期望。但我们也可以把这些特质视为**一种力量**，你在大多数无私奉献的好人身上都能看到这些品质。所以问题不是怎么将这些特质从性格构成中移除，而是如何防止它们导致心理疾病。任何事情走向极端就容易出问题，性格也是如此，所以有的性格比较极端的人（有时也称为人格障碍）确实会长期受到焦虑困扰。由于这类表现只是焦虑障碍中极小的部分，它们超出了本书的讨论范围，在此不多展开介绍。

在面对焦虑障碍时，我们会发现确实有人一辈子都在和恐惧作斗争，但我认为将"性格"作为患病的解释并不会带来什么实际的帮助。

我们竟"学会"了焦虑

让我们回到"新生儿的大脑就像待编程的电脑"这个比喻。儿童通过在周遭环境中模仿和学习来获得成长，主要是通过教授式教学、借鉴性学习、经典条件反射和操作性条件反射来达成学习目的。

教授式教学是指家长、老师或同龄人通过告知和展示的方式，向儿童传授这个世界的样貌以及与它互动的最佳方式。比如，"不管陌生人看上去多友善都不能吃他们给你的糖"是要教给孩子恰当的焦虑感以保证他们的人身安全。

借鉴性学习是指儿童通过观察他人的成功或失败进行学习。比如，你看到朋友骑车转弯时因为速度过快摔倒而擦伤了膝盖，于是从中学到了经验教训。

经典条件反射是指从反复配对的刺激中学习新反应的过程。例如，生理学家、心理学家伊万·巴甫洛夫（Ivan Pavlov）通过把蜂鸣声等刺激与喂食刺激配对起来并重复多次的方法，训练狗接收蜂鸣声等刺激后分泌唾液的反应。最终，即使没有喂食，狗只需听到蜂鸣声或接收到其他刺激信号时就会分泌唾液；但是，如果蜂鸣器响时你一直不给它提供食物，那么它最终就不会再对蜂鸣声的刺激作出反应（条件反射的消退）。同理，如果一个儿童多次被家里的猫抓伤，那么他可能会对猫产生畏惧之情。如果他能多次与猫接近，轻抚猫时能不被抓伤，那么怕猫的这种条件反射就会消退。但是，如果这个孩子每次与猫接触都会被抓伤，那么他的恐惧就会加深，怕猫的条件反射也会被强化。

操作性条件反射是指从自发行为的结果中进行学习的过程。如果一只老鼠每次按压笼子里的杠杆都能得到作为奖励的食物，那么无论最终有没有食物，它都会经常按压杠杆。同样，如果一直得不到食物奖励，这种条件反射就会消退。某种程度上来说，惩罚也许会得到相反的效果。如果按压杠杆会带来电击，那老鼠无疑会学会避开杠杆。而在实践中，惩罚似乎不如奖励来得有效。如果电击过重，老鼠会因为受到过大的精神创伤而无法从惩罚中学会躲避。对人类来说，由于我们有丰富的情感，所以情况会更加复杂。对我们而言，奖励是什么？是礼物、食物、拍拍后背以示鼓励以及善意的话语吗？又或是顺利避开你所害怕的东西？但是，无论你的恐惧有多不合逻辑，避开恐惧的对象或者避开它曾出现的场景都有很强的奖励效果（这被称为负强化）。

在现实生活中，绝大多数恐惧症患者都没有相关明确的受伤经历。恐高的人大多都不曾经历坠落受伤，而有这种经历的大部分人却又没有发展到对此恐惧的程度，这就很耐人寻味了。这表明即使你不曾从高处坠落也会恐高，仅靠想象也能对此心生恐惧，而且它所引起的生理反应本身又足以对你造成精神创伤，进一步加深恐惧，使你彻底地想回避高处。于是，每当你需要爬梯子时就会感到害怕；而每当你拒绝这么做时，都能由衷地感受到逃离恐惧带来的轻松和释然，这就形成了条件反射的强化。虽然你从未真正摔伤，但恐惧和回避带来的释然已足以维持条件反射，使它不会消退。

此外，学习有时会在潜移默化中发生。比如，一个孩子可能没意识到下面这些事情：操劳了一周的妈妈在周五比较易怒，他害怕妈妈发脾气以及周五家里总是吃鱼（天主教家庭周五不吃动物肉，但可以吃鱼）。尽管他不明白三者间的联系，但他因此对吃鱼产生了恐惧。

更微妙的是，人类比动物更能察觉事情发生的背景和氛围。经过训练的狗也许会以特定方式回应人的每一次鼓掌，而人还能分辨拍手者的表情，知道鼓掌时冷漠和微笑的差别。因此，与动物相比，我们更难了解人对条件作用的回应。

我认为这里谈到的焦虑，它最重要的学习形式是**习得性无助**。

让我们回到前文提到的老鼠按杠杆的实验。如果老鼠有时按压杠杆能获得食物，而有时却被电击，会发生什么？或者它有时按杠杆能获得食物，有时却没有，会怎么样？再或者，有时要隔一分钟按杠杆才能避免电击，有时却只要一秒钟，会如何？当缺少始终如一的规则时，老鼠就只能学到一件事：不论我做什么，最后的结果都没有什么不同，我无法决定将要发生的事情，我对一切都无能为力。

如果在这时把它放出笼子，再把一只凶狠、饥饿的猫放到房间里，老鼠就会表现出十分怪异的行为：它会呆坐在地上，明显因恐惧失去了行动力，任由自己被抓住吃掉。

老鼠从实验中学到了无助，即糟糕的事终将发生，而它无力改变这一切。刑讯者在刑讯中就贯彻了这一原则。例如，不要总是拷打审讯对象，要时不时对他好一点，让他保持猜疑，让他明白自己无法改变命运。如此一来，审讯对象的意志就会崩溃，只留下深深的无力感和恐惧。

如果把前文的例子类比到孩子，我们可以得到以下观点：**孩子需要通过学习了解到世界是可预测、可控的，她的行为能产生一定的作用和影响。**如若不然，她学会的将是无助和恐惧。你甚至都不用冷酷无情，只需反复无常、难以预测就会造成这样的后果。所以做家长可真不是一件容易的事！

生活中（尤其是儿童时期）体验到的负面学习经历会使人对事物产生扭曲、失真的看法。心理学家阿伦·贝克（Aaron Beck）曾描述过潜在严重抑郁症患者身上的"负性认知三联征"（negative cognitive triad），实际上焦虑障碍患者通常也有同样扭曲的看法。"负性认知三联征"是指对自身、世界和未来的负面看法。如果从最坏的打算出发，你就会害怕和逃避许多事物，会预想最糟糕的后果，还会把小问题看作一场大灾难。

精神分析学家认为，焦虑源于心理冲突，它们大多形成于童年时期。本书不会深入探讨这些理论，因为我所提出的焦虑障碍的应对建议并不以此为基础。但这并不意味着它们不重要，只是超出了本书的讨论范围。不过，我可以这么说：**相互冲突的需求会带来压力**。繁忙的工作或家庭责任都足以引发焦虑。如果你需要兼顾两者，且缺乏必要的时间或精力，那么你的需求就是冲突的，这会导致你的压力不仅是翻倍，而是数十倍地增加。想想现代女性在工作之余还需要承担不少的家庭责任，这下你知道她们为什么更容易患上焦虑障碍了吧？

理想与现实之间差了一个"焦虑"

认知失调是指理想与现实中的自己存在差距。如果你设想自己是完美的，尤其又认为自己应该努力成为那样的人，就会自责于屡屡遭受挫败。于是，你的任何计划都将伴随着恐惧，因为你认为自己无法成功，会对自己的失败报以恶毒的自我批评作为惩罚。比如，有一个精瘦的小伙子在努力举铁锻炼臂部肌肉，他理想中的自我是一个有傲人体魄的肌肉男。但很遗憾，他没法练到理想中的效果，因为他本身并不具备那样的身体素质。于是他在社交场合中总感到焦虑，认为大家都在评判自己的身材和外貌。他的问题是忽视了自身的优良品质和天赋，只顾追寻自己没有的东西——像橄榄球明星一般的身材。

科研人员发现，**认知失调可以通过设立更现实、更可行的目标和更准确的自我印象来得到缓解**，这也是各种有效的心理治疗都会使用的重要方法。

童年阴影与恐惧的共鸣

如果逆境能让你更加坚强，那真是再好不过的事情了。但就我的经验而言，它非但不会把你变强，还会让你在未来面对类似挫折的时候表现得更为脆弱。挫折在生活中发生得越早，它对人的影响就越深远，持续时间也越长久。童年有过严重负面经历的人更倾向于对未来做更坏的打算，他们对过去的经历抱有现实或象征意义上的恐惧。我们一起来看下面的例子。

苏珊的父亲是一个阴晴不定的人,多数时候他是慈爱的,但比较容易发脾气。他不幸在苏珊 12 岁时由于心脏病突发猝然去世。苏珊当时表现出的坚韧给大家留下了深刻的印象,之后的几个月里她又给予了母亲极大的支持,母亲由于悲伤无暇照顾几个孩子,这使得他们几个几乎不得不自力更生。自此,苏珊开始对自己的弟弟和妹妹保护有加,在学校里也比往常更努力,表现得如磐石般坚强。如今 20 年过去了,苏珊的事业非常顺利,只是公司有传言说裁员在即。她的母亲一直在帮她照顾孩子,但最近摔伤了腿,所以苏珊要赶紧寻找解决办法。由于必须兼顾家庭和事业,她变得越发焦虑,这影响了她在工作中的表现,也使她与丈夫的关系变得紧张起来。

这到底是怎么回事呢?失业的威胁或孩子突然没人照看,与失去父亲相比是截然不同的事情,不是吗?没错,现实中三者是不同的,但从象征意义上来说又是相同的,它们都涉及确定性和安全感的消失,因此引发了苏珊的情感共鸣。苏珊预想自己可能会失业，由于恐惧而无法正常工作，因为她在性格形成期所经历的就是失去。这种恐惧在家庭生活中表现为易怒，随之而来的紧张家庭关系又削弱了来自家人的支持，导致她的压力进一步增大。

世界的变化中潜藏着危机

如今的生活无疑比过去复杂得多，这并不是说压力有所增加或减少，而是我们面对的压力本身发生了改变。毕竟，**变化本身就是一种压力**。这一点许多商业领袖或政治家要么不甚明了，要么视而不见，这些人有时甚至会带一点狗的习性。当狗进到一个新花园时，一定会绕着花园撒尿做上标记，以显示这是自己的领地。如今他们似乎也逐渐染上了这种习惯，当一个新领导者就任时，他会不可避免地想改个天翻地覆，以表明自己对这个公司、区域或其他任何东西的所有权。就我的经验来看，这样的倾向在男性身上更为严重（这只是我的一家之言）。不幸的是，这使所有人都被迫承受了更多的压力。一些愤世嫉俗、漫不经心的人会迂回寻找对策，他们看似顺从，但实际上却没有多少变化；而诚实勤奋、努力工作的人则会试着把领导的变革逐字贯彻，他们的压力会越来越大，最后往往会带着焦虑出现在我的诊疗室里。

变革无处不在，企业如果不能与时俱进就会走向衰落，但引入变革必须小心谨慎，要清楚地认识盲目施行的负面后果。

近年来最大的变革之一发生在科技领域。像我这样的老顽固对新玩意儿多少有点抵触（比如我就没有"脸书"和"推特"账号）。但年轻人不会抗拒它们，因为这就是现如今的生活方式。那些伴随着苹果、安卓手机等类似设备成长起来的人被称为"i世代"（iGen）。与前人相比，他们似乎更容易受到焦虑的困扰，这很大程度上要归因于社交媒体。一方面，想方设法在"脸书"上获得点赞会带给人巨大的压力；另一方面，网络霸凌施行起来可比操场上的推推搡搡容易得多。

在一项相关研究中，科研人员将一群"i世代"的年轻人分为两组，一组实验对象在三个月内停止使用社交媒体，另一组则继续正常使用并作为前一组的实验对照。前一组在没有"脸书"等社交媒体的情况下，焦虑和抑郁症状都得到了明显改善，却又在恢复使用数周后就回到了对照组的水平。此外，还有科研人员考察了限制上网和社交媒体使用时间这个因素所造成的影响，其效果同样很能说明问题。

什么让它变本加厉

焦虑一旦开始，就会从自身汲取养分不断发展。焦虑引发的生理症状会使人感到不安和害怕，由此引发对恐惧本身产生的恐惧，并逐渐形成一种恶性循环。这种现象在惊恐发作中尤为明显，任何有过这种经历的人都深知它的可怕。但许多其他因素也会延长和加剧本就存在的焦虑。

回避是我们面对恐惧事物时的自然反应，它也能加重焦虑。比如，如果你被狗咬了，那么只要在一段时间内回避与它们接触就会使你对狗产生恐惧。你回避得越久，恐惧就越深。回避行为本身就能导致某些你所恐惧的问题，比如你害怕心脏病发作，这种焦虑会导致呼吸急促，有时还会引发胸口的痉挛性疼痛（其实这是由胸部肌肉紧张引起的）。又比如，你拒绝锻炼是因为锻炼会让你产生一种心脏病发作一般的感觉，久而久之，你的体重会增加，罹患心血管疾病的概率也会真的上升。

所以，请尽量避免回避。如果你有严重的焦虑问题，尤其是有明确的焦虑对象时，最好能循序渐进地作出改变（系统脱敏法，详见第七章）。但如果你对某个事物只感到些许焦虑，而且能在**不太痛苦的前提下**接近该事物或情境，那可以试着去做。比如，以前发生的某次交通事故导致你不喜欢在繁忙的高速公路上开车，那么你可以试试不要完全回避高速公路，可以在合适的情况下时不时地上路开一会儿。

酒精是一种最常用的镇静药物，可问题在于它是一种很糟糕的药。一种有效的药品应该有尽如人意的效果、少数轻微的副作用、较宽的安全有效的剂量范围，同时应该几乎不产生耐受性（即长期使用也能保持药效），但酒精在这些方面的表现可谓糟糕。它确实能缓解焦虑，但非常不可靠，而且我们都知道酗酒并不是什么好事。如果经常饮酒过量，或多或少地会对所有身体器官及系统造成伤害。在此我不做过多阐述，如果想获得更多相关信息，请参考我的另一本书《贪杯的后果》（*Dying for a Drink*）。

讲到酒精与焦虑的关系，这里要注意的是，酒精不仅会随着时间的推移逐渐失去效果，长期饮酒还会严重加剧焦虑障碍状。每次喝酒的时候确实会暂时缓解焦虑，但容易令人忽视的是，当酒精的效果退去，焦虑水平将回升并略微超过饮酒前的状态。这种增长非常微小所以很难被察觉，但如果每天都大量饮酒，那么在一段时间后，焦虑水平就会稳步攀升。可能你会说："可是只有酒精能让我冷静下来。"它确实有短期效果，但长期来看只会适得其反。"这不可能吧？"你可能会反驳，"因为上次戒酒的时候，我觉得自己更焦虑了。"没错，你确实会有这种感觉，加重焦虑正是酒精的戒断反应之一。不过，这只是短期的。如果你能戒酒超过 1～2 周，那么焦虑最终会回到开始饮酒前的水平，我会在后文详细讨论这一点。但如果你对酒精有严重的依赖，还是不要试图在没有医疗帮助的情况下突然戒断。相反，适度饮酒，每次至多喝 2～3 个酒精单位［大约相当于 1 品脱（1 英制品脱约为 568 毫升）啤酒或两小杯红酒，一个酒精单位为 10 毫升纯酒精］，而且保证不是每天连续地饮用，则通常不会有什么大问题。

酒精的负面效果特别显著，而其他缓解抑郁的药物也有类似问题。比如地西泮（安定）或劳拉西泮（氯羟安定）等镇静剂长期使用的效果不佳，药效会随着使用时间的增长而减弱，而且如果长期使用后突然停药，焦虑很可能会反弹。这两种药物都是短期使用的表现较好，但如果你有长期、严重的焦虑的话，短期使用镇静剂无法解决任何问题。

SSRI 类药物（选择性 5- 羟色胺再摄取抑制剂）则有些与众不同，它们对一部分人来说是一类似乎对焦虑有长期药效的抗抑郁药物（服用两周后药效明显，但前两周焦虑水平或有上升）。但如果只依赖它们来解决你的焦虑，那可能就会出现问题。我会在后文加以详述。

安慰有时也会让人上瘾。虽然它本身没有什么坏处，有时还能帮你应对恐惧，但安慰依赖会产生一些类似于药物依赖的问题。你得到的越多，想要的也就越多。这里的问题是安慰有时会突然消失，于是就会发生如同撤药反应般的焦虑反弹与加重。例如，迈克患有健康焦虑障碍，他的朋友埃德是护士，总是安慰他症状的背后不是什么严重的病理问题，这让迈克放下了心里的大石头。但迈克类似的索求越来越频繁，最后每天都要给埃德打好几个电话。虽然埃德尽其所能地帮助迈克，但久而久之，他变得筋疲力尽，也开始对迈克的要求颇有怨气。终于有一天，他突然决定不再给予迈克帮助。这让迈克不能再实事求是地看待问题，并且无力控制自己的恐惧。

　　像许多其他事情一样，我们也要谨慎地提供安慰，注意分寸，这样才能避免发生适得其反的情况。

第三章
焦虑，既是结果也是源头

除了第一章介绍的焦虑障碍外，焦虑还会作为其他许多生理与心理疾病的症状出现。因此，如果突然发生原因不明的焦虑水平上升，那么应尽早就医。尽管如此，在与健康相关的焦虑病例中，没有生理基础的患者比例更大。如果医生确信发生这种症状的背后没有重大生理病变，那么寻求心理治疗可能是改善症状的最好方法，我在后文会进行详细讨论。值得注意的是，焦虑同时也是许多其他疾病的症状表现之一，缓解焦虑也将有助于治疗这些疾病。

与健康问题的关联

患者有时难以区分焦虑的生理表现和真正的生理疾病。例如，甲亢或肾上腺皮质功能亢进（较少见）也可能有心悸、心跳加快和感到恐惧的症状；许多房颤患者并未意识到自己心跳不规律，会有类似焦虑的心悸感；呼吸急促是焦虑和恐慌的症状，但也可能是由呼吸系统或心脏疾病所引发的；手脚麻木、刺痛的原因可能是焦虑，但在少数情况下也可能是神经疾病；腹部不适和胀气可能是焦虑障碍的症状，但有几种肠道疾病也是它们的诱因。这里的关键在于，虽然你很难自我诊断症状的源头，但对医生来说，要区分焦虑和基础生理病变所导致的症状并不困难。如果医生推荐你接受心理治疗，并不意味着她忽视了这些症状或认为它们"都是你幻想出来的"。因为有证据表明，对已确诊的心脏疾病患者而言，缓解焦虑能显著改善这些疾病的治疗效果。

与精神问题的关联

如前文所言，身体和精神其实是紧密相连的，并无实质性的分隔，所以把生理和精神疾病分开讨论或许并不恰当。但考虑到两者通常被列为不同的类别，我依然把它们分列在不同小节展开讨论。

几乎所有的重度抑郁患者（抑郁症、临床抑郁症）都会受到焦虑的困扰。那焦虑仅仅是一种症状，还是抑郁的主要起因呢？抗抑郁药物是否主要通过缓解焦虑来治疗重度抑郁？我不知道这些问题的确切答案，但多年疗愈焦虑的经验告诉我，降低焦虑水平在其中发挥了重要作用。有些抑郁症患者看上去并不焦虑，比如"迟滞型抑郁"（抑郁导致的患者孤僻和不活跃）。但这是因为他们极度缺乏活力和动力，难以表现出自身感受到的恐惧。这些患者在康复后告诉我，同样极具压倒性的恐惧和绝望会在抑郁发作时纠缠在一起向他们袭来。

双相情感障碍（之前也称为躁狂抑郁症）患者会

遭受巨大的情绪波动，从极度高兴到深度抑郁，每个阶段有时会持续数天至数周。在抑郁期，他们毫不意外地会被焦虑所折磨，但即使在情绪高涨期，焦虑也可能出现。患者在兴奋情绪下有时还伴有躁动不安、易怒和失眠，而且焦虑障碍状在情绪变化的过程中尤为显著。

在**精神分裂症**等精神疾病中，焦虑也是典型症状。这些疾病似乎不仅折磨和消耗人的身心，也让得这些病的患者成为最焦虑的人。部分患者还会受到被害妄想（persecutory delusion）的困扰，进一步加深他们的恐惧。因此，降低焦虑水平对成功治疗这类疾病同样非常关键。

极端人格（有时也称为人格障碍）患者通常也难逃焦虑的魔掌。例如"边缘性人格障碍"（borderline personality disorder，BPD）的特征是拥有强烈且不稳定的情绪、脆弱的人际关系、反复出现的危机感和巨大的空虚感，同时还伴有情感爆发倾向或自残行为。不出意外，这些痛苦大多也是由焦虑引起的。

焦虑可能带来的身体伤害

我们先前讨论过，焦虑是一种正常的情绪，能提高我们的适应能力，但长期处于过度焦虑中会给身体带来危害。比如，血压和血糖会上升，肝脏会释放脂肪进入血液，胃酸水平上升，肠道变得越发活跃并最终引发炎症。正如第一章所述，面对焦虑时体内激素水平的变化会放大这些影响。此外，应对压力而产生的行为（比如退缩孤僻、缺乏锻炼以及过度摄入食物和酒精）又会反过来加剧这些身体变化。由此可见，长期严重的焦虑是心脏疾病、中风、2 型糖尿病、胃溃疡和肠易激综合征（irritable bowel syndrome，IBS，一种持续或间歇发作的肠道功能紊乱性疾病）等疾病的主要诱因。同样，克罗恩病（Crohn's disease，一种原因不明的肠道炎症性疾病）和类风湿性关节炎也对焦虑水平的上升非常敏感，且患有此类疾病又极易引发焦虑，从而形成一个恶性循环。

对许多"医学无法解释"的疾病而言，焦虑既是一种症状，也是病因的一部分。这类疾病包括慢性疲劳综合征（myalgic encephalomyelitis，ME，或称疲劳症）、纤维肌痛症（fibromyalgia）和肠易激综合征等，它们都是实实在在的生理疾病，重度抑郁亦是如此。对于这类疾病以及前文列举的其他疾病而言，焦虑既是关键诱因也是重要症状。在此我想重申一点：**精神与身体、心理与生理其实并无分隔**。你的痛苦是真实的，它们并非你的臆想，但这不代表焦虑不重要，也不意味着缓解它没有意义。

你也许会好奇我为什么要说这些，毕竟本书的目的是缓解焦虑而非加重它。简单总结一下本章的观点：**万物都是相互关联的**。即使你已经竭尽所有医学手段来治疗生理疾病，或者医生已经试过所有合理的方法去寻找症状的源头，我们仍然有其他选择可以尝试，那就是降低焦虑水平。

第四章
那些从不焦虑的人们

三人行必有我师，即使在你最讨厌或最轻视的人身上也有闪光点，只是你需要有一双善于发现的眼睛。所以，如果你苦于应付过度焦虑和恐惧，那么不妨先看看那些从不或很少感到恐惧的人，再观察一下那些能很好控制恐惧的人。

在从不感到恐惧的人中，**冷血精神病患者**（psychopath，也称精神变态者）是完全不会焦虑的。他们缺乏情感，并非出于自主选择，而是单纯没有感受的能力。这通常是多种原因综合导致的，包括遗传因素、残酷的经历以及童年时期缺少持续的道德或其他任何方面的引导。他们没有良知、同情心、焦虑或是非观念，只有冲动和攻击性。冷血精神病患者无法从自身的错误中学习，因为他们缺乏必要的负罪感，并且几乎不会感到懊悔和自责，也没有将行为联系到结果的能力，操作性条件反射（详见第二章）在他们身上不起作用。例如，如果冷血精神病患者杰克在比尔脸上打了一拳，不论是告诫他"不该这么做"或"这是错误的"，还是指出他给比尔带来了痛苦，都将是做无用功。杰克只会觉得困惑，然后这么回答你："你为什么找我的茬？比尔刚才挡了我的路，让我很烦。我想揍他，我就揍了。"你当然可以惩罚杰克或把他送进医院，但我保证他出来后如果再遇到挡路者，历史还会重演。你或许认为没有恐惧的冷血精神病患者会成为出色的士兵，但据我所知，军队会非常小心地避免征召他们入伍，因为他们很可能会像面对敌人一样开枪打死自己的指挥官。

那么从杰克身上我们能学到什么呢？想象存在一个连续变化的区间，有反社会人格的杰克站在区间的一端，而广泛性焦虑障碍重症患者在区间的另一端。

我们并不想变成杰克，因为在一个需要遵守社会道德和互谅互让原则的社会中，他无法正常工作和生活。我们要做的是往区间的中心靠一些。我们可以有一些恐惧但不用太多，它不会出现在错误的场合或者与人如影随形，只要能让我们在面对恐惧时能有适当的感受和反应就好。**我们需要有掌控好自己情绪的能力。**

在职业生涯中，我治疗过许多士兵，他们几乎都是出色的战士，大部分都曾英勇作战，其中几位还因此荣获勋章。但事实上，一位士兵越是勇敢，最后就越是需要接受心理治疗，不论男女。士兵们都不缺乏恐惧，而是学会了如何在白热化的战斗中控制它。同时，这也意味着他们经历了超量的心理创伤，并且他们所受的创伤并不亚于身旁的战友。他们的勇敢源自一种能够为了完成使命暂时将恐惧放到一旁的能力。换言之，他们能自主进行选择，而非被恐惧所左右；他们能与敌人战斗，而非思考可能随之而来的伤痛或死亡。出于各种原因，他们能**在关键时刻把注意力集中在当下。**

再说一个不那么沉重的例子吧。我一向很擅长预测高尔夫球、网球或板球等重大体育赛事的获胜者。观看这些比赛你会发现，最后的赢家往往不是技巧最出色的选手。比如，在灰烬杯（Ashes Test，在英国和澳大利亚之间举办的板球对抗赛）中，如果在最后 3 球要追 20 分的情况下上场击球，或者在英国高尔夫球公开赛最后一轮时只领先一杆，要想在这些场景中取得最终胜利并不只靠意志。每个人都想赢，但有些人太渴望胜利，可能的失败会令他们焦虑万分，从而无法正常发挥。而胜利者往往都能够坦然接受失败的可能，因此得以全力发挥。一球一球，一杆一杆，他们聚焦在当下而不提前考虑可能的结果。网球名宿鲍里斯·贝克尔（Boris Becker）在输掉温布尔登网球锦标赛决赛后被人问起是否感到悲伤，他回答说："不，我尽力了，只是今天运气不佳，我可能明年就能获胜。"翌年，他确实获得了成功。

现在，让我们把视线转向**无拘无束、自私或固执的人**。他们一生风风火火，很少顾及他人的需求、感受和想法。尽管可能有些麻木不仁，但他们显然不会感受到太多焦虑，因为他们并不在乎他人对自身言行的看法。他们会高谈阔论，不给你回复的余地；会侵犯你的个人空间，无视社交传统。正是这类人在安静的火车车厢里大声打电话，使你无法专心阅读；也是他们在最后关头抢走了你苦等 5 分钟的停车位；他们还是派对场上的灵魂人物，主导着他们所处的环境。其实，他们也会感到焦虑，但仅限于担心自己的要求是否能得到满足或自己能否成为众人的焦点。我会尽可能避免和这类人打交道，但也有一丝惊羡于他们的逍遥自在。这种生活策略似乎很有效，至少对他们而言确实如此。我们能从他们身上学到的是：**我们需要在乎他人，但不必过分在意。**如果能大胆一些，更加敢于冒险，少一些谨慎，也许我们就能获得更大的成就，也能更好地享受生活。

接下来看看那些**很"酷"的人**。他们能轻松惬意地应对各种情景，不对世界流露出一丝在意，即使在危机面前也毫不慌乱，时刻保持着完美的姿态，从不会被惊出一身冷汗。比如，吉姆向来处变不惊，事事尽在他的掌控之中，他总可以巧妙地应对那些最令人尴尬的情景。尽管他的外表并不出众，却有许多人被他吸引，不论是谁都愿意和他做朋友。他是怎么做到的呢？虽然从某种程度上而言，自信可能是吉姆的秉性，他天生焦虑水平较低，但他的风度其实大部分源自后天的学习和努力。

实际上，他可能比看上去要焦虑得多，但表面依然冷静而自信，因为他需要别人的肯定来补偿自卑感。我就见过许多看上去冷静、自信的人，他们的不安和焦虑只会在心理咨询室这种私密的环境里才有所流露。所以，不要完全相信你的双眼。从另一个方面来说，根据"行为塑造人"的原则（见第二章），即使过去的吉姆缺乏内在自信，他也很可能通过自信的表现和行为来提升信心、缓解焦虑。

如果吉姆确实有较低的焦虑水平，那也可能是得益于早年的学习经历。可能他的父母一直对他关爱备至，不论他成功与否都让他认为自己很棒。这并不是说吉姆躲避了责罚，而是说即便他由于懒惰或不当行为被责骂，他也不会因此难过或觉得不配生而为人。作为家长，面对孩子需要找到一个艰难的平衡：**在教导孩子努力成为优秀公民的同时，还要让他知道"自己很好"，**

学会自信和释然。 如果吉姆的父母无法平衡这两者，他还可以在长大一些后从宽容、友情、爱情和其他正面的经历中学到这一点。如果他有宗教信仰，一些教会能给予他充分的支持和帮助。但选择信仰一定要谨慎，我在各种教会中见过最善良的人，也遇到过最刻薄的人。

最关键的是，吉姆一直在努力保持很"酷"的形象。这类人大多会花不少精力让自己外表整洁，行为冷静。**平静和安宁不会从天而降，我们得通过努力才能获得。**

说起寻找平静和安宁就不能不提那些**有"禅心"的人**了。我说的不是佛教僧侣，也不是能把脚提过头顶的瑜伽士，虽然他们显然很善于进入平静的状态。我指的是那些顺生活而为、懂得感受当下，而非与之抗争，甚至企图掌控一切的人。我的朋友罗瑞塔能直面微小的挫折，比如高尔夫里的一杆失误；她也有能力应对重大的危机，比如癌症带给她的威胁和恐惧。面对大大小小的问题，她总能报以微笑，然后再看似不在意地耸耸肩膀。她是生来如此吗？我不这么认为，这一定是努力的成果。

一个人能通过学习获得平静和安宁吗？没错，当然可以，我会在后文详细说明。

第二部分

克服焦虑一点也不难

第五章
力所能及的小事与让人惊喜的变化

　　在接受正式治疗前，有许多方法手段能帮助你应对焦虑，但这不意味着你可以推迟就医。许多医院和机构提供的心理治疗都需要排队等待，所以你最好马上就着手登记。在等待期间，我们还可以做许多力所能及的事。既然你正在阅读本书，我猜也许你或你在乎的人正长期受到严重焦虑的困扰。**焦虑在造成痛苦的同时，也扼杀了快乐、充实感和成就感，而它们正是生活的意义所在**，所以我们非常值得花一些时间和精力，在自己的能力范围里作出改变。在此，我会推荐一些方便自学的技巧和习惯。它们虽然看似微不足道，但却能给你的生活带来实质性的变化。你可以选择在针对性治疗开始前就练习，也可以选择与治疗同步进行。

一日一锻炼，焦虑远离你

有许多证据表明，锻炼能有效对抗焦虑。这完全在情理之中，因为焦虑的生理作用本就在于刺激机体增强活动能力。例如，有氧运动（任何使你心律升高、呼吸急促的运动）会消耗肾上腺素并让下丘脑恢复平静（详见第二章）。此外，锻炼能促进内啡肽分泌，使你感觉平静安乐。如果你许久没有进行规律的锻炼，同时还存在健康问题的话，那么你可能需要循序渐进地进入锻炼的状态，最好能提前咨询医生的意见。但**无论如何请动起来吧**。除去年老体弱的情况，普通人可以从做温和运动开始，每天半个小时、一周5次的运动量会比较合适，比如快走就是一个不错的选择。随着身体情况的改善，你可以逐渐延长锻炼时间、提高锻炼强度。

值得一提的是，运动需要你能**保持相当的自律，**

因为人们总能找到挤不出时间锻炼的借口，特别是当生活繁忙又充满压力的时候。但无论如何，请把规律运动放在日常事务较高的优先级上，这样才能取得良好的效果。我在退休前，每天下班到家的第一件事就是穿上运动装备慢跑一圈。安排好每天要做的事，设立一个优先级非常重要，千万不要等到事到临头才做决定。如果你辛苦了一天回到家中问自己："我是该换上装备去跑步，还是倒一杯可乐再追一集我最爱的电视剧呢？"我能猜到大部分人的选择，估计大多数人都不会选择出门上街。

对缺乏运动的人来说，锻炼一开始可能毫无乐趣可言，但如果你能**坚持不懈，很快就会乐在其中**，并且发现焦虑也会得到一定程度的缓解。如果你需要一些运动指导，可以去健身房找教练或者选一项容易上手的运动（飞镖或者台球之类的除外）。不论你选择跑步还是做其他运动，都需要有规律地坚持下去。

随他吧，找到自己的平衡

虽然有一概而论之嫌，但总体而言，焦虑障碍患者在乎的东西太多了。他们会在意自己是不是（一直）在做正确的事、方法是不是正确（完美），在乎他人对自己的看法，并且还想掌控事情的走向以防出错。但问题在于要掌控生活或他人就像试图钉住一条黏糊糊、滑溜溜的鳗鱼，你很可能不仅搞得一团糟，还会伤到自己。

除了恐惧和筋疲力尽，过度在意只会让你一无所获。所以，管理焦虑的关键出发点就是**学会放手**。我知道这做起来要比听上去困难许多，但正如我之前所说，人会随着行为和处事方法的改变而改变。放手意味着少做一些事，为他人和自己都少操一点心，对任何事都不要反复地检查、核对，同时对重要的事情也不过分执着。**你需要学会找到平衡**，比如生活与工作的平衡，自我与他人的平衡，休息、锻炼与放松的平衡，还有做有意义的事与在电视前打盹儿、流口水的平衡。平衡是一切的关键。我发现许多焦虑障碍患者都忙着服务身边的每个人，满足别人的每一个需求以至于忘记找到自己的平衡。他们太在意也太在乎每一个人，完全忘记了自身的需求和愿望。所以，应对焦虑也应以此作为切入点。这不是说你比其他人重要，而是说**你和他们一样重要**。

平衡生活的最好方式是**养成一系列日常作息**。为此，你要先从最重要的事开始，安排自己的生活。请允许我用一则故事来说明这个问题。一位教授向学生展示了一个巨大的玻璃容器，然后他开始往里面放大石块，直到差不多与容器口齐平。他问学生们："它装满了吗？"学生回答："满了。"教授又开始在大石头的空隙里倒小石子，同样倒到容器口。之后他又问："现在它满了吗？"学生还是回答："是的，满了。"这次教授开始往里面倒沙子，沙子填满了石头和石子间的缝隙。他说："每次你们都认为装满了，但其实还有充足的空间放下更多东西。这个容器就像是你的生活，沙子是生活中不得不做的琐事，比如支付账单和打扫卫生；小石子是那些你在意的人和事，你的工作、家庭、朋友和健康等；大石头则是能真正赋予生活意义的东西，你的爱好、兴趣、爱与激情。为什么我会先把大石头放进去，然后围绕着它们安排其他东西呢？"他又拿出另一个容器直接装满沙子，如此一来就再也放不进任何石块或石子了。"因为如果你无法找到生活的平衡，不优先安排赋予生命重要意义的事，就会发生这种情况。"教授总结道。这个故事还有一个有趣的版本，在那个版本中，教授最后打开了一罐啤酒倒进了第一个容器里，酒水在石块、石子和细沙间流过，最终充盈了整个容器。此时他开口说道："这说明，不论日程多满、生活多忙，你总能有时间喝上一杯。"当然，这只是一个幽默的想法。

同样的道理，我们在规划和养成日常作息时，要从那些有益、有趣、充实的事开始安排，保证各方面的内容形成良好的平衡而非在某个领域追求完美。**生活并不完美，你也不应该奢求它会变得完美**。对我来说，"很不错"就比"完美"更好，因为它更真实，也更有持续发展的潜力。

所以，试着调整好你的节奏吧。生活不是一场冲刺跑，而是一场马拉松，4 分钟就跑完头 1 千米的选手是不会赢得最后的胜利的。

然后，试着**从取悦他人和获得认可的需求中解脱出来吧**。显然，我们都要考虑身边人的情感、观点和意见，但当有一天你能任由他人对你产生不满，那一天就是你获得自由、控制焦虑的开始。

己所不欲，勿施于人，反之亦然。确保你的习惯也能被他人接受，这样你就能愉快地向亲朋好友推荐它们。如果有人认为这些习惯不合理或不近人情，那说明你可能陷入了双重标准中。再好好考虑一下，试着改掉这些习惯吧。

别上咖啡因和酒精的当

咖啡因与安他非命（俗称"快速丸"的毒品）属同一类兴奋剂，只是效力稍弱。饮用咖啡或茶后，咖啡因可以在体内停留数小时。如果一天饮用数次，那么体内的咖啡因浓度会升高，这一现象在饮用红牛后更为显著。大部分可乐和功能饮料都含有咖啡因。

许多焦虑的人会通过饮用大量的咖啡和茶来让自己振奋，但却没意识到这会加剧他们的焦虑。

到了晚上，他们可能还会选择喝两杯酒来助眠。可是频繁、大量摄入酒精只会产生相反的效果，即使你没有喝到宿醉的程度，前一天晚上喝的酒依然会让今天的你更加焦虑。只要喝下 1 品脱普通烈度的啤酒，第二天就能测得焦虑水平上升，但只有在这样的情况重复多次后，焦虑才会真正地显著加剧。焦虑水平会随着时间的推移逐渐上升，但人们很可能对此毫无察觉，因为每次喝酒都会让人（在短期内）感觉良好。所以，请千万不要被这种假象所蒙蔽，长期酗酒只会让你更加焦虑。

如果你已经长期大量摄入咖啡因或酒精（抑或两者皆有），不要突然停止，因为你会在 1 ～ 2 周里感觉更加糟糕；此外，在没有医生帮助的情况下突然戒酒也存在安全隐患。不过请逐渐减少饮酒量，试着在数周内慢慢地戒掉它们吧。我建议，在焦虑得到控制前都应尽量避免摄入咖啡因，且仅允许自己在周末能喝上一杯酒。

很多人不信，但放松真的需要练习

如果你能持之以恒，那么放松训练就可以帮助你大幅降低机体的唤醒水平。控制严重焦虑是一场持久战，只有坚持不懈才会逐渐看到效果，最后你会发现所有努力都是值得的。放松训练在我的前几本书中也有提到，你对它可能并不陌生。放松训练有许多不同的版本，你可以选择最适合自己的进行练习。有的人从瑜伽技巧小班课的学习中获益良多，还有的人认为书面指导更有效（因为你可以遵循自己的节奏和心理意象）。下面我要介绍一种放松训练的练习方法。这一方法在我的来访者中获得了良好的反响，帮助了许多严重焦虑的患者。

不论选择什么方法，关键都是**勤加练习**。虽然有些人可以很快上手，但对大部分人而言，放松训练在开始阶段很容易不得要领，甚至看起来像在浪费时间。它们的作用方式也不那么直接，会使许多练习者产生"无用"的错觉，然后随之放弃。甚至还有些人在练习之初可能感觉自己的状态更加糟糕了，因为失败的尝试会让你变得紧张。

但请相信我，好好地坚持下去吧。因为真正掌握了放松训练后，你的生活就会迎来改变。**练习它不是为了立刻获益，是为了投资未来。**那些在生活中给予它最高优先级并且无论如何每天练习至少半个小时的人，会真正从中受益。举个不恰当的例子，哪怕 24 小时内将有一颗流星坠落让城市毁灭，你最好也能先完成放松训练，然后再去山上避难。

我曾有两年时间每天都坚持练习放松。这并不是因为当时的我特别焦虑，而是由于我曾在一场医学院的关键考试上惊恐发作，考试失利差一点把我的职业生涯扼杀在摇篮里。于是，我不得不练习如何放松。在这个过程中，我最终领悟到：人们对放松状态的掌控是没有极限的，只是需要大量的练习。我会在第九章讨论惊恐障碍时为你进行完整的解释。下面我要介绍放松训练法，它改变了我的生活。

放松训练

20～30分钟

1．找个容易放松的地方，最好是床或安乐椅，任何安静、私密的地方都可以。等你足够熟练，觉得它开始发挥作用的时候，你也可以睡前在床上练习。

2．尽可能地清空思绪。

3．缓慢地做3次深呼吸（每次呼吸约10～15秒）。

4．想象一个中性的物体，比如"数字1"。不要选择有情感意义的人或物，比如戒指或者某个人。用心灵之眼去看它，赋予它颜色，尝试看看它三维立体的模样；配合呼吸重复多次，直到你的注意力完全集中在这个物体上。

5．缓慢地想象自己在一个安静、平和、惬意的地方或场景中，它可以是你最喜欢的地方，也

可以是你有愉快经历的某个场景。让自己置身其中，动用所有感官去感受，在想象中看到它、听到它、闻到它、尝到它，然后在那里徜徉一会儿。

6. 缓慢地将注意力转移到自己身上，注意身上紧张的部位，逐一将紧绷的肌肉群放松2～3次，包括手指、手掌、手臂、肩膀、颈部、脸部、胸部、腹部、臀部、大腿、小腿、脚掌和脚趾。注意感受放松的感觉，体会肌肉放松和紧张的区别。然后在放松的状态中逗留一会儿。如果未能达到放松效果也别担心，把这次放松当作练习，以后你会做得更好。

7. 如果你是在白天进行练习，那么此时你可以慢慢起身投入到工作中。如果正好是睡前，那就继续躺着沉沉睡去吧（当你掌握了放松训练就可以这么做，但对初学者而言，即使没达到预期效果也没有关系）。

我想强调一点，帮助你更好地完成练习。进行到第
5 步时，你要做的不仅仅是从视觉上想象地点或场景，还
要调动多重感官去体验。比如，你想象自己正在美丽的
加勒比海沙滩上。这样很好，但还不够。你要想象：风是
从哪个方向吹来的？是持续的还是一阵阵的？当太阳躲
进云层时你感觉如何？是不是更凉爽了？细沙在阳光的
炙烤下会散发出什么味道？你的防晒霜闻起来如何？沙
子是软的还是硬的？海浪声听上去如何？你的饮料是什
么口味的？沙滩后的草地离你有多远？椰子树是又矮又
粗，还是高高地结着椰子？椰子是棕色的还是绿色的？

把所有的感官都调动起来帮助你进入那个环境，这
需要多加练习。

请记住，**坚持练习的同时切忌操之过急**。只要假以
时日，它一定会发挥作用，到时候你就能更好地控制焦
虑了。

用好"三步法"，和失眠说再见

睡眠不好是一个相当麻烦的问题，许多焦虑障碍患

者都苦于无法入睡，但有些方法能改善这一状况。如果睡眠是你的主要问题，不妨读一下我的另一本书《轻松战胜失眠》（*Beating Insomnia without Really Trying*），里面给出了更详细的建议。在此，我想说**改善睡眠是应对焦虑的重要一步**，下面我将介绍改善睡眠的三大基本原则。

首先，**培养固定的日常作息**。每天尽量在同一时间吃饭、睡觉和参与其他日常活动。睡眠由生物节律所控制，所以我们可以通过规律的作息来保持好的生物节律。

其次，睡眠环境的**光线要暗**。在夜深时最好调暗灯光，准备睡觉时避免在卧室里使用任何照明设备。这意味着要把手机和平板电脑留在客厅里，同时也不要在卧室里放置电视机。在卧室中尽量不要使用功率高于40瓦的灯，也不要使用背光电子阅读器。你的大脑会将这些设备发出的蓝光理解为日光，把它们看作起床的信号。

最后，**不要把工作或其他任务带到床上**。你不能同时处于睡眠和警觉状态，所以即使在完成任务一段时间后，工作所需的警觉状态依然会阻止你进入睡眠。试着在睡前只想那些让你感到平静的事吧。如果在关灯后，担忧、琐事或工作任务还是一直进入你的脑海，那你可以在床头放一支铅笔和一本笔记本，记录下这些想法。第二天早上再抽出一段时间，专门用来查看和思考笔记本上的问题。这样你的大脑就不会觉得需要立刻处理这些事务，允许你暂时忘记它们。如此一来，你在物理层面上将这些问题从大脑中转移到了纸上，然后进一步转移到了第二天。

把问题一点一点解决掉

你会发现这又是在我的其他书中出现过的内容，因为解决问题对于疗愈任何压力相关的疾病来说都是一项关键技能。学会如何安排问题其实就相当于把问题解决了一大半。如果你焦虑的源头是海量的矛盾和无法解决的问题，那么从现在开始好好安排你的生活吧。

可惜，问题的麻烦之处在于它们不会一次只出现一个，也不会等你准备好了再来，而是总会在最不合时宜的时候成群结队地到来。有时候，许多问题相互之间也存在矛盾，解决其中一个似乎会让另一个变得更糟。有时，有些事情解决起来毫无头绪，令人感觉情况完全失控，于是人们可能会试图一次性解决所有问题，可结果却只是让大脑变得混乱，最终一无所成。在此期间有的人会很容易对伴侣生气，让对方也因而变得暴躁，不再给予关心和支持。这下伴侣间的关系也变成了问题的一部分。

其实，解决问题的原则很简单，就是**将一组或一个较大的问题分解为一个个容易处理的小问题**。试想，假如你陷入了经济危机——这是一个很大、很难解决的问题，我们不妨对其做如下分解：

1. 我的银行账户透支了。

2. 我的债权人开始警告我了。

3. 我的支出大于收入。

4. 我有许多债务人，但他们都没有还钱的迹象。

5. 贷款利率在上升，意味着我要偿还的贷款也在增加。

6. 我的车已经很旧了，维护费用也在变高。

7. 圣诞节即将到来，可我买不起给孩子们的礼物。

现在你得到了一组定义更明确、更便于思考的问题。每次只针对其中一项进行头脑风暴，设想可能的行动方案。然后，把所有想法全都都记下来，不论是好的、坏的，当然还有比较荒诞的。许多时候一些看似可笑的想法最后反而会成为神来之笔，让人啧啧称奇。比如，针对上述"问题1"我们可以列出以下行动方案：

a) 约谈银行经理要求提高信用额度.

b) 向他解释是现金流出了问题. 而且我已经在着手解决.

c) 短期贷款.

d) 向亲朋好友借钱.

e) 削减开支项目（参考支出）.

f) 无视财务问题. 期盼它会有所好转.

g) 试着多加班.

h) 卖掉房子换个小点的.

i) 换个工资更高的工作.

对以上选项进行逐个思考，排除无效的行动，也许你还可以找一些信得过的人讨论一下。

将以上思考过程在问题 1～7 逐一进行一遍，这样你就可以得到一张行动清单，其中某几项可能有重复，不过这不是问题。把清单整理一下，按照优先级进行排序。最后，将表上的行动付诸实践，每进行一项就把它勾掉。在做安排时，请务必秉持务实的精神，不要想着毕其功于一役。关键在于要采用一种可持续的行动方式，千万别把自己累坏了，要踏实且稳健。如果你找到了合适的节奏，那么解决问题的行动过程就能带给你满足感和力量。现在你已经可以尽己所能地解决问题了。

当然啦，遵循这套流程架构并不会让问题在一夜间消失，但它至少可以帮助你拿回一些控制权，缓解回避问题时飙升的恐惧感。

优化你的日程表

以前，我的一天总是急匆匆的，每天日程很满，但收获未必很多。退休后，我的生活就没有那么忙了（请别告诉我的出版商，他们会指望我准时交稿的）。但我的夫人还在工作，所以我就有机会观察她如何挣扎着把所有事情塞进日程表里。根据这些观察，我总结出一个估算时间的法则，它对我妻子和其他大部分忙碌的人应该都适用，我称之为**"三倍放大原则"**。比如，如果劳拉认为"我会花 20 分钟完成这件事"，那她实际可能需要用 1 个小时；如果她说要 1 个小时，那估计要 3 个小时，以此类推。任务所花的时间总会比你预料的更久。因此如果你认为自己刚好能完成本周设定的任务，那你很可能是做不完的。**所以，在安排日程时需要设定一个优先顺序，然后把休息时间和属于自己的时间也安排进去。**

对于许多饱受焦虑折磨的人而言，他们面临的主要麻烦是被海量的问题和优先事项所淹没。他们会在不断恶化的恶性循环里打转，想要毕其功于一役，最后却落得一场空。所以，停下来吧！给自己沏一杯不含咖啡因的茶，休息 30 分钟，不要做任何计划。下面的周计划表来自一位没有孩子的单身高管，你的日程安排可能和他的有所不同，但其中使用的原则却同样重要。组织好你的时间，把在同一个地点办的事放在一起完成，在计划中加入休息和缓冲时间来应对无法预见的突发事件，这样能让生活更顺利，也能显著降低压力水平。

表 1　周计划日程安排

日期\时刻	周一	周二	周三	周四	周五	周六	周日
9：00 am	管理层会议	危机和问题的预留时间	个人工作	整理文件	汇报	购物	休息
10：00 am				在电脑上处理工作			
11：00 am					旅行		
12：00 am				准备汇报	见客户		
1：00 pm	午餐						
2：00 pm	个人工作	交通	展示	报告会议	交通	休息	休息
3：00 pm		会议	休息		个人工作		
4：00 pm			交通	管理层会议	准备下周的日程安排		
5：00 pm							
夜晚	休息	准备展示	晚间会议	外出	休息	看电视剧	

　　辛苦带娃的母亲们，在你们愤然把书砸到墙上前请听我说，我知道身为家长的不易，尤其如果你还缺少相应的支持和帮助，再完美的计划都无法改变这一事实。但请记得，对孩子而言，"不错"的家长比力求"完美"的家长更有益。让他们看半个小时电视吧，那样你也可以休息一会儿，这不会有什么坏处的。你的孩子很重要，但你也同样重要。

依赖回避的是焦虑，不是你

　　虽然稍后在恐惧症的相关章节会有更详细的讨论，但在此我会先讲一些对焦虑障碍广泛适用的一般原则，你现在就可以开始试着遵循它们。人们会回避使自己感到焦虑的事物或在持续焦虑的情况下回避一切，这是再自然不过的事。但这会使焦虑加剧，因为**回避正是焦虑得以延续的原因**。我不建议你一头扎进最让你害怕的场景里，但你该从现在开始一点点地接触它们，一次积累一点小进步。比如，一位叫约翰的年轻人很想找个女朋友，可他害怕和女性交谈。他不必马上强迫自己去参加派对，尤其是那些熟人不多或者需要搭车前往的聚会，因为那样他会被困在现场，直到载他的人也选择离开。但是如果一些同事想在工作后去喝一杯，而且他们也邀请了约翰的话，他是应该答应下来的。他可以先说自己要在家里等一个重要的电话，所以只能待上半个小时。即便在酒吧里他只能说上只言片语，那也不失为一个小小的成功。因为他已经开始直面自己的恐惧，而且只要不消极地批判自己或者回到逃避恐惧的状态，他就可以循序渐进地继续这么尝试下去。

　　请记住，逃避多年的事物将不可避免地成为你能力最薄弱的领域，暂时只有通过不断练习和接受自己的局限才能逐渐变强。你不妨想想优秀的教师是如何鼓励孩子学习的，她不会因为学生犯错就大吼大叫，而是会指出他的错误并鼓励他再试一次。这让我想起在我小的时候，数学老师会在我们算错加法时用小棍子进行体罚，结果即便是当时班上最聪明的几个孩子也没有在大学里学数学或物理。**惩罚只能导致回避，而严厉的自我批评正是一种惩罚。**所以如果你正慢慢地滑向恐惧的深渊，那么请一定善待自己。

不被消极的想法牵着走

消极的想法会逐渐成为根深蒂固的习惯性思维。它们会经常阻碍理性思维，使你无法作出正确的决定。也许你已经意识到了这一点并试图赶走这些无益的想法，但它们还是不断在脑海中闪现，就像电脑上人见人嫌的弹窗信息。这时你就需要一个阻断它们的办法，以下方法就能起到很好的效果。

当你独自身处一个隔音良好的地方，可以试着突然制造出一声巨响，比如敲桌子或把什么东西扔到坚硬的表面上。记住这种声响带给你的震撼。当你发现自己执着于思考一个无益的想法时，让有关巨响的记忆进入你的脑海，感受它所带来的震撼，然后严厉地对自己说："快停下！"

这句话不用说得很响，但请一定想象你把它说得严厉又大声。这种打断会在你和执念间制造空隙，可以给你机会用更有帮助、更适当的想法取而代之，你也可以开始试着做放松训练或者一些需要集中注意力的事。这个过程可能要重复不止一次才能达到目的，而且就像其他技巧一样，需要勤加练习才能让它在最艰难、最需要的时候发挥作用。我知道有些人会在手腕上绑橡皮筋，用弹皮肤的疼痛感来遏制执念。如果你觉得这样有效，那试试也无妨。但无论出于何种原因，我觉得用这种对自己施加一定疼痛来断念的做法还有待商榷。

小心过度分享和安慰依赖

大家都知道"有人分担，问题减半"的道理。话虽然没错，但实行起来却要谨慎小心。和许多事情一样，如果习惯性地将安慰作为应对焦虑的唯一手段，那它也会使人上瘾。有时与其强迫性地找人帮你祛除焦虑，不如花些时间自己驱散它。

例如，最近媒体报道称有一种可怕的病菌传播到了你所在的国家，目前三人因此住院，与此同时你女儿的学校也有一个人疑似感染，因此你非常害怕她也受到传染。你可以试着和自己的爱人或有医学知识的朋友聊一聊这件事，也可以从医生那里寻求安慰。到目前为止，这些行为都是正常的。但万一你还是不放心怎么办？可以向更多朋友分享你的恐惧吗？最多几个人吧，而且仅限于不会夸大谣言的聪明人。要小心，有些人很喜欢兜售让人不安的谣言。与人交流时不妨记住这条规律：一个人观点的强硬程度往往与他的知识储备和智慧程度呈反相关。那么你该多久向伴侣寻求一次安慰呢？可以是在事态发生变化或有新消息出现时，或者是最多几天一次，你的目标是要逐渐降低寻求安慰的频率。

人们当然有权分享自己的担忧，但同时要警惕自己对安慰产生的依赖。不妨**试着将慰藉的话语内化，并对自己重复。**如果你觉得自己做不到，需要依靠外界的安慰，而且自己的生活好像被这种依赖所掌控的话，那你或许需要和医生聊一聊了，这时候就需要专业力量的介入了。希望你现在已经在心理治疗的等候名单上了，如果还没有的话，最好尽快开始排队。

第六章
改变你的看法，重新拥抱生活

焦虑是可怕的。如果为产生焦虑这件事而感到焦虑，也并不奇怪，因为恐惧是人类最深切的痛苦之一，试图回避更是人之常情。然而，如上一章所述，回避焦虑源头和焦虑本身会使它越发猖狂。许多人因此难以与之战斗也无法逃离，正如人无法与迷雾搏斗，但也难以逃脱它的笼罩。

但不要灰心，你是可以掌握主动权的。**你的生活和决定权都属于你自己，并不属于焦虑。**人们可以通过制定策略来管理生活，将恐惧纳入考量范围而非被其左右。试想，如果没有恐惧，面对此情此景时你会怎么做？身边勇敢的朋友会怎么做？这些问题会指引你前进的道路。虽然恐惧十分可怕,但是在短期内不会对人造成任何实质伤害,但回避却会。

所以,请不要极力回避恐惧,也不要与之战斗。接受它,然后选择继续做自己该做的事吧。你可以试着制定策略、听取朋友们好的建议、运用从治疗师(如果有的话)那里了解到的或是从本书中学到的知识,用自己的理智去思考"如果没有恐惧"你会怎么做。正如第四章所述,无畏的作用显然是有限的。在此,我们讨论的并非是恐惧的完全消失,而是恐惧与你所处的情景相平衡且程度又适当的情况。

你是不是认为我会告诉你要战胜恐惧?不,我会建议你**接受恐惧,与它共存而非选择回避,再逐渐学会如何管理它**。久而久之,也许在冥想、治疗和本书提供的策略帮助下,焦虑会如迷雾般消散。但届时再回首,我们也很难断言它是何时烟消云散的,只知道曾经的沉沉雾霭已变得轻薄如纱。这重迷雾可能还会时不时再降临,但它已不似往日沉重,持续时间也越发短暂了。

本章将列举一些观点和行事方法上的小建议,它们能帮助你夺回生活的控制权。

你的目标不是成为"社交小天才"

对于那些在社交方面自信又娴熟的幸运儿来说，生活会简单许多。如果你久受焦虑之苦，尤其恐惧又与社交场合相关，那大概率不会是那些幸运儿中的一员。技巧来自练习，而你在社交上的练习却少之又少。所以，在社交上迈出的第一步是**坦然接受自己的低起点**。无法成为派对的中心或是没有一群至交好友并不是你的错，而是焦虑带来的不可避免的后果。

但这不意味着你就该安于现状，是时候开始改变了。如前文所述，**一开始稳健、缓慢地改变就好，不用要求太高**。如果你原本完全"遗世独立"，大部分时间都在自己的房间里度过，那试着在星巴克与熟人见面交谈 20 分钟或者和邮递员打个招呼就够了，毕竟这才刚刚开始。

不妨先试着观察那些善于进行社交互动的人。虽然不能立刻成为他们中的一员，但至少能学到一些有用的小技巧。比如，他们如何与陌生人展开对话？选择什么话题？你是否注意到他们会更多地提到与对方有关的问题，而不是滔滔不绝地谈论自己？以及他们如何寻找共同话题，比如喜欢的运动或者电视节目？

接下来就在尽可能宽松的环境下一试身手吧。

之后一步我认为是最重要的环节——面对失败。一般情况下很少有人一上手就能成为"社交小天才"。一开始笨拙的互动可能会让人非常尴尬。但这完全在情理之中，毕竟你在这方面疏于练习。要学会宽恕自己，重新定义这段经历，因为它实际上是一次胜利。你看，多年以来你第一次面对了自己的恐惧和最薄弱的领域，这实在令人钦佩！**管它是不是真的顺利完成了，关键是你做到了。**别再自言自语地自我批判了，说什么"我好傻，我本该怎样"之类的话。这是自我霸凌，而且于事无补。你未必会对别人说这样的刻薄话，所以也请别对自己这样。

然后，试着从之前的尝试中学习吧。还有哪些可以改进的地方？哪些进展是顺利的？下次你会寻找类似的场景还是换个更轻松的环境？抑或是你想要进一步挑战自己？慢慢来，不要着急。

接下来就是继续尝试了。不过别急着马上开始，可以等到明天再说。不用把生活变成一连串的试炼，你只是需要有一些社交练习。在下一次尝试前，你也可以试着做好练习计划，请记得自己随时都可以在需要的时候寻求帮助和建议。

培养社交技能完全取决于练习，所以**面对失败时请对自己宽容一些，但千万别放弃**。

如果你想阅读相关书籍，我推荐埃玛·沃特金斯（Emma Watkins）的《害羞者的聊天技巧：如何轻松与任何人交谈》（*Conversation Skills for the Shy: How to Easily Talk to Anyone*）以及露丝·瑟尔（Ruth Searle）的《如何应对羞怯与社交焦虑》（*Coping with Shyness and Social Anxiety*）。

相比家人与朋友，你也一样重要

焦虑和缺乏自信使你很容易被人利用，而家人和朋友很可能是其中最为过分的。其实，他们并非有意为之或对你不好，只不过这是一种人之常情。相比于自信、坚定的人，人们会向不擅长拒绝的人索取更多，所以有时焦虑的人会为取悦身边的人而背负过多的压力。

从另一个方面来说，你爱的人们不愿看到你痛苦，所以经常不让你参加活动，深怕你受到一点伤害。在不知不觉中，他们就会让你变得更加离群索居、缺乏自信了。

最终，你还是只能依靠自己才能构建起有效的人际边界，让自己既能融入圈子又不至于被他人利用。这将意味着**花更少的力气取悦别人，转而更努力地寻找和表达自己的需求**。当你找到自己真正想要什么（并不是最容易、唾手可得的事，而是你真正想做的事），请告诉那些在乎你的人，告诉他们你需要他们为你做什么。如果你对内心的需求还不甚明了，可以和最信任的人聊一聊，他们也许会给你启发。**思考家人和朋友应该怎样为你提供帮助**，这对你而言或许是一个转折点。我猜你以前很少思考自己需要什么，大部分时间里都在回避自己的恐惧和周遭对你的否定。

划重点：理解和接受焦虑

正如本书第一部分提到的那样，焦虑会让人产生一系列的生理症状。它们都是正常的反应，是人的身体在进行调整以能应对感知到的威胁，是"战逃反应"的一部分。所以，不要试图与之对抗，斗争只会让它们愈演愈烈。这些生理症状在短时间内不会对人造成伤害，然而要想能长期克服它们，最好的方法就是**接受**。不论那些症状有多可怕、多难受，顺其自然吧。试图理解它们的本质——只是些正常的生理反应罢了。不过，这不意味着人们面对焦虑就束手无策了，应对焦虑正是本书的宗旨，只是我不建议抗拒它所带来的影响。请找医生做一次身体检查，如果最后他告诉你这都是焦虑导致的症状，试着接受这一结果。**应对焦虑最重要的原则就是理解和接受。**

"他强由他强"

接受原则不仅适用于身体症状，对思想也是如此。有的人或许会痛苦地认为，如果别人知道自己脑海中的想法，会认为"这是个疯子"。但我可以保证，这些想法并没有那么疯狂，其实每个人都有。相信我，如果有人能看到我脑海里的念头，尤其是我在电视上看到美国总统时的想法，怕是会把我关起来。但这不意味着我就是个危险的人——我并不会伤害任何人。除非有相应的实施意图，否则想法就只是想法而已。有些焦虑的人确实会在脑海中反复上演最令自己恐惧的念头。比如，如果虐待儿童是最让你恐惧的事，那它很可能会反复出现在你的脑海里，但这远远不意味着你就会去实施，你根本不会这么做的。如果没有焦虑之外的其他问题，疯狂、可憎的想法就只是无意义的症状罢了，所以就让它们自己在脑海里播放着吧。它们就像寻求关注的淘气小孩，想要吓你一跳。这时你应该无视它们，别被它们吓到，继续忙自己的事就好。不妨把这些令人沮丧的想法当作毫不相关的事，因为它们本质上就是如此。

除此以外，还会有些普通的消极想法和担忧主导着焦虑障碍患者的生活。该拿它们怎么办呢？答案是**让它们像鸟儿一样飞过**。看着它们经过，不要多纠缠，让它们飞过你的思想，然后去往别处。它们不属于你，所以不要试图抓住它们。我会在第七章讨论正念疗法时再细说这个话题。

有时候，他人可能会对你造成困扰。对我来说，最不能忍受的是那些夸夸其谈的恶霸。我特别想揭露他们自高自大、令人厌恶的嘴脸。但后来我发现，其实问题在于我，而不是他们。自古以来恶霸就存在，而且未来也不会消失。那为什么要我来改变他们呢？他们中的大多数无非就是喜欢挑事，想在言语或身体上与人争斗一番。所以，最好还是由他们去，把注意力放在不那么讨厌的人身上。同样的道理对任何你觉得有毒的人都适用。如非迫不得已，不要和他们多做纠缠。如果你被这样的人逼到角落，不得不奋起反抗，在竭尽全力的同时还是要现实一些。他们毒害别人的能力可比你抵抗的能力强得多，因为这些人一辈子都在干这件事。总而言之，尽可能地接受他人，不论好坏，不要试图改变他们。**但你可以做的是尽力回避讨厌的人，这是我唯一推荐的一种焦虑回避方式。**

所以，请试着接受你的症状、你的想法和其他人吧！也试着接纳生活，而不是想着生活应该是什么样子。生活并不公平，而且永远也不会公平，它会时不时给你意外的礼物，有时又会平白无故地给你一记重击。就我的经验而言，**所有快乐的人都能坦然接受生活的起起落落，他们在体验生活而不是试图摆布生活以求公正。**读到这里，你应该能猜到我是高尔夫球爱好者了。我见过很多球友在果岭（指高尔夫球运动中，球洞所在的草坪）上失误并为此纠结不已，结果影响了整场比赛的发挥。他们只是一味地抱怨，却忘记了自己的好运。比如，在第一洞时他们的界外球击中树干弹回了赛道，但他们显然只对推杆的失误耿耿于怀。而有些球手不论在果岭上表现如何，都只是无所谓地耸耸肩，然后开始下一杆。最后的赢家往往都会是后者，有谁说高尔夫球比赛一定是公平的呢？从这个意义上来说，这项运动有点像是一种人生的写照。

平心而论，从容接纳生活也并非易事。就像其他所有事情一样，你要对自己真诚，然后不断尝试，安宁和从容并没有什么秘诀可言（除非你有宗教信仰），唯有不断地尝试。摄影大师戴维·贝利（David Bailey）曾说过："拍摄好照片的秘诀就是多拍几张。"那么对于接纳生活和获得安宁来说也是同样的道理。

尽管如此，有一件事是你马上就可以着手去改变的，那就是**减少对自己的价值评判**。这意味着不要将事物、他人和自己评判为"好的""坏的""聪明的""无知的""令人羡慕的""可悲的""弱的""强的""好人""混蛋"等。这些评判无法帮助我们了解世界，只会揭示评判者自己是一个什么样的人。它们会对被评判者造成伤害，尤其很多时候你既是评判的给予者又是承受者。所以少对人作出评判吧，**尤其是少对你自己**。

别吓自己，那只是"假警报"

如前文所述，不仅焦虑会产生症状，症状也可以反过来产生焦虑，进而形成一种恶性循环。因此，识别这些"假警报"很重要，你可以试着将曾让自己害怕的生理焦虑障碍状全都记录下来。比如，心跳加快不意味着有心脏病；呼吸急促不代表会窒息；胃痛、恶心、干呕、胀气和其他腹部症状不能说明有致命的肠胃病变；晕眩和手指或脚趾的麻木、刺痛不意味着会发生中风。如果你有焦虑问题，那很可能这些症状是由焦虑而非其他疾病引起的。或许你之前就遇到过这些症状，那么后来结果如何呢？**如果上一次不是心脏病发作的话，那这一次很可能也不是；如果上一次这些症状自己消失了，那这次应该也会这样。**不妨把这段话摘录下来，下次因为"假警报"而焦虑的时候就可以拿出来读一读。当然，在这个过程中，医生的专业判断是必不可少的，你不能清一色地无视所有症状。但如果我们讨论的症状已经经过医生的检查，他又认为症状背后并不指向生理疾病且与之前的状况相比并没有发生任何变化的话，不如就此接受医生给你的安慰和保证吧。

你或许会明白过来，这些症状背后是惊恐发作而非生理疾病，但知道这些却不会让你感到如释重负，这是因为惊恐发作本身并不是一种愉快的经历，你对此仍感到恐惧万分。但惊恐发作会过去的，它并不会对你造成伤害。解决这些症状的最好方法（我知道自己有点唠叨了）就是接受它们。

减少毫无帮助的检查

强迫症（本书不会讨论如何应对它）患者会通过反反复复检查来安慰自己，而且很难控制花在上面的时间，某些恐惧症患者也会有类似的行为。实际上，大多数处于各种焦虑状态的人都会花大量的时间进行检查，以确保自己恐惧的场景不会发生。可问题是这根本没用，检查得越多就越想检查，因为人们往往会通过这一行为安慰自己。正如前文所说，安慰会使人上瘾，所以如果你有类似行为，请严格限制花在检查上的时间。

让我们回到第五章中的例子，有传言说你女儿的学校正在流行一种病菌，它已经导致一名学生住院观察，你对此焦虑不已。这时你可以打电话给学校，询问更多细节并征求意见吗？可以。那可以打电话给社区医生征求意见吗？可以。那在网上搜寻有关病菌感染的信息呢？或许也可以，但我对网络搜索还是心存疑虑。你要明白，网上充满了道听途说的胡言乱语，所以最好只看比较权威的医学网站，而且要对上网搜索的时间加以限制。那么留意女儿是否有相关症状可以吗？可以。但是一天给学校打两次电话，每天带女儿去看医生、看住她、每小时量一次体温、把她完全关在家里，或者每天花 8 小时上网搜索学生感染的恐怖故事呢？那可不行，这样帮不了任何人，只会增加你的焦虑。你需要和爱人、伴侣、家人或朋友聊一聊，**为检查行为制定一个恰当的限度**，然后试着去遵循它。一开始这可能会很难，但随着时间的推移，它会变得简单起来的。

通过重讲故事获得平静

我们恐惧的往往并非是某件事本身，而是自己对它的反应。比如，你在工作中需要做一次报告，但你非常害怕公共演讲，而且总是尽可能地回避它。因此，你在这方面非常缺乏锻炼并且缺乏自信。虽然原本可以找一些理由退出或通过请病假来逃避，但你依旧迎难而上把它完成了。你的语言不太流利，表现不太完美，有些口吃，还忘了一段内容；你还痛苦地发现，自己满脸通红，浑身是汗——不过你终究是完成了这场演讲。对于这样的情况，我的很多来访者都会严厉地批评自己，但其实他们应得的是赞扬，受之无愧的赞扬。在我们讨论的情况中，那些在讲台上谈笑风生、报告出色的人并不应该被表扬，因为这对他们而言本就十分容易；但你却值得被夸奖，因为你做到了对你来说很困难的事。

在上面的例子里，至少有三处需要**重述**以便于你铭记于心。

首先，是**对未来的描述**：我要做一次报告，它一定要完美，不然大家都会批评我的；我肯定会崩溃，这会变成令人羞耻的灾难。不妨把它变成这样：我不太自信也不太擅长做报告，所以我不会成为全场的焦点，也不会表现得很完美，但我会完成它，不论我表现得是好是坏，它都是成功的；我可能会感到焦虑，所以也许会出汗、脸红，但我肯定不是第一个表现出紧张的人，所以这些也就无所谓了。

你还可以用**重构法**帮助你改变对未来的描述。我有一位同事是心理学家，他喜欢让来访者描绘当前局势的三种发展可能，分别是最坏的、最好的和最有可能的情况。在上面的例子里，最坏的情形是你在报告中陷入长时间的停顿，然后晕眩、呕吐，最后在大家的嘲笑声中被抬下台。出现这种情况的可能性估计和我入选英国橄榄球国家队的概率差不多。所以，最好的情况是你表现完美，做了一场杰出的报告。它的可能性比上一种稍大一些，但还是不太会发生。最有可能的情况是你会撑过去，虽然不完美，但应该还不错。人们会看得出你很紧张，明白做报告不是你的专长，但是这又如何呢？这种情况发生的可能性非常之高。你应该接受可能性最大的那一种推断，因为事情或许就会按这个方向去发展。如果你把重构法变成一种思维习惯，那么它会发挥很大的作用。

其次，是**对过去的描述**：我的报告是一场灾难，我的表现糟透了，又脸红又出汗，现场简直是一团糟；我本该做得更好。不，你当时不可能表现得更好了，这种期待是不公平也不现实的。撑过这场报告就是你的最佳表现，现在你已经成功了！

最后，是**对观众的描述**：他们一定觉得我是个傻瓜，一定会因为我的状态而嘲笑我；我打赌伊恩会开始叫我"出汗男"。现在，我不能保证伊恩会不会给你起这种残忍的绰号，因为总有那么一些人就是以嘲笑别人为乐的。如果他真这么做了，那么用最严厉的语气告诉他让他下地狱吧，然后尽可能地避免和他打交道。千万不要陷进他的嘲笑里，你知道他说的并不是事实。你的报告其实相当不错，流汗只是焦虑的结果，这是情有可原的，绝大多数人也会理解你，别为此苛责自己。再说了，相比于严厉地批评你，人们其实更担心自己的事情。

围绕这一主题我可以举出好几百个例子，关键是**你要学会在生活中识别那些重复的负面描述**，重述它们对你而言意义重大。你可以现在就开始尝试！如果需要的话，你还可以和一些聪明的朋友或家人聊一聊这些根深蒂固的、与自己有关的负面描述。重述法在接受正式的心理治疗前就可以开始试着做了。

接下来，我会在第七章有关"认知行为疗法"的部分继续讨论重述法，它能帮助你改变无益的思维方式。

"羞耻"其实不羞耻

如何应对羞耻感是上一节内容的延续，虽然前文已经提到你需要克服过分自我批判的倾向，但我认为还应该进一步强调这一点。有许多研究表明，羞耻感在人类情感中是十分具有破坏力的。虽然它是一种自然的情感，犯错时感到羞愧无可厚非，但焦虑本身并不是什么错事，人们只是在做自己而已。成为今天的自己也并非作恶的结果，而是由以往的经历（尤其是性格形成期的经历）所决定的。举例来说，你认为残障人士应该感到羞耻吗？我不觉得。**所以也不该有人为过于活跃的杏仁核（详见第一章）而感到羞愧！**

明白这一点很重要，因为羞耻感会导致回避。愧于饮酒的酒精成瘾患者为了逃避羞耻感，会拒绝承认自己的问题，然后继续酗酒。对他而言，摆脱酒瘾的唯一方法就是清楚地认识到自己的成瘾问题。如果他能积极地接受治疗，那就应该为此而骄傲。羞耻感会使你回避问题并拒绝承认它们，所以请不要感到羞耻，你没有做错什么。从现在开始就付诸行动，着手解决问题吧。阅读本书就是这样的一个开始，也是一个值得自豪的开始。

做好准备，但表现时应毫不费力

从很多方面来说，和焦虑的来访者合作是一件令人愉快的事。他们有许多优点，其中就包括努力，而且他们对任何事都是如此。他们会采纳我的建议，按时且规律地服药（如果需要的话），不错过任何一次治疗，能认真完成我布置的任务并听取其他的建议。如果真要在他们身上挑问题的话，那就是他们太努力了。这可能会产生严重的负面影响，因为使出浑身解数与降低唤醒水平的目标背道而驰。所以，我希望大家能为练习做好充分的准备，学习并练习本书以及治疗师推荐的技巧和策略，但是在行动时应表现得好像毫不费力。

职业高尔夫球运动员弗雷迪·卡波斯（Freddie Couples）就非常擅长这种策略。这其实也是形势所迫，因为他得过高尔夫球选手都惧怕的易普症（ips，一种运动障碍性疾病，主要表现为腕关节不自主的痉挛、抽动，该病最早出现在高尔夫球运动员中）。这种疾病会让人在试图推杆时，双手迫于压力作用会发生不自主的抽搐，而且离球洞越近，易普症的发作就越严重，因为大家都会觉得"近在咫尺的一球，没人会有失误"。事实上，不管离球洞多近，人都是会犯错误的，而对失误的恐惧同时又增加了他的压力。但是，你今天依然能看到弗雷迪活跃在长青巡回赛（Seniors Tour，英国为 50 岁以上的球员专设的高尔夫球赛）的舞台上。他会若无其事地在果岭上散步，看上去超然物外、满不在乎，实际上那是他在仔细地收集所需的信息，包括坡度、距离、草纹、风向以及其他任何影响球路的因素。轮到他击球时，他就只是走上前完成推杆动作。不论球是否进洞，他的反应都没有什么变化，只是继续完成次赛，就像是一次周日午后的散步，冷静而镇定。他已经能做到自我说服，相信自己不在乎球入洞与否，只需尽力打好这一杆。我想他一定能教我们许多管理压力和焦虑的方法。尽力做好准备，但真正去做的时候要云淡风轻，只是完成那些固定动作而已。

用点逆向思维"以毒攻毒"

本节介绍的矛盾意向疗法和集中行为疗法是"毫不费力"原则的延续。运用**矛盾意向疗法**的治疗师会告诉患者做与期望治疗结果相反的事。该疗法一般适用于患者抵抗心理强烈、常规治疗难以顺利进行的时候。比如，我的一位来访者会强迫性地检查门把手来确保门已经关好（为保护隐私，病情细节有所修改）。他从早到晚每分钟都会检查一次，以至于右手上磨出了一个坑，伤口还发生了感染。没有任何事情能阻止他这么做，因为他会强制性地抵触任何干扰因素。所以，我们转而告诉他应该更频繁地检查，每30秒或间隔更短就检查一下，这样他就不再需要拼命抵抗这么做的冲动。最终，他的焦虑减轻了，检查门把手的次数也随之减少了。

在实践中，这种矛盾原则必须谨慎使用。它并非总是有效的，**只有在抵抗因焦虑冲动而产生的压力会加剧焦虑时才有用。** 在未能看到效果的情况下，不建议长期使用该疗法。此外，对这一做法如有疑问，请及时咨询专业人士。

从这一原则拓展开去，另一种可能有效的疗法被称为**"集中行为疗法"。** 假设媒体报道你所在的区域有一种危险的传染病，你对此十分忧虑。你发现自己每半个小时就会测一次体温，并且意识到这种行为只能加剧焦虑，因此你努力地抵抗伸手去拿体温计的冲动。可这种抵抗反而增加了你的压力，形成了一种恐惧不断升级的恶性循环。此时，也许你可以试着更频繁地测量体温，每隔几秒就测一次，直到你筋疲力尽或者感到这种行为非常荒诞，想要停下为止。这至少能在一段时间里缓解你想不断测量体温的冲动。

又或者，你可以故意让折磨你的症状加剧。假设你正在千方百计地想要冷静下来缓解肠易激综合征症状。你拼命想要冷静，却反而让自己更加焦虑，肠道不适感也更严重了。所以，与其使尽浑身解数地改善状况，不如试着让它更糟。你可以试着让自己更加焦虑，这样肠易激综合征的症状也会恶化。不过更有可能发生的是，当你停止试图改善状况时，焦虑可能恰好得到了缓解，并因此也解决了肠道的问题。

看了上面的疗法，你会不会觉得生活有时真的很奇妙？在你停止努力的时候，它才给你苦苦追寻的东西。比如，我的许多来访者都在努力寻找人生的另一半，但却总是遇人不淑，或者干脆毫无进展。而我总是通过相同的方法为他们提供帮助，那就是让他们自我感觉良好，对单身状态感到舒适自在。每当他们自我感觉得到提升、单身生活越过越好的时候，理想的伴侣就自然会出现，而且恰好就在他们最不需要伴侣的时候。这也许是生活在故意和你作对，但更有可能的原因是，自由自在地过好一个人的生活往往能吸引善良有爱的人们，同时也可以排除那些想要乘人之危的人。

我认为应对焦虑也是如此，**等你不再想与之战斗的时候，它也许自己就消散了。**

不论这些策略对你是否有效，了解它们都是很值得的。如果它们有使病情恶化的迹象，那就不要长期使用了。有时很难界定多久的时间才算是长期，你可以在需要时与值得信赖的朋友聊一聊。如果以上策略都没有取得很好的效果，你可以与心理健康专家交流后再决定下一步的行动。

培养一双发现机遇的眼睛

在我认识的人里，快乐的人都很擅长发现机遇，而大部分焦虑障碍患者却不然。不妨留意一下你常问自己的一些问题。比如，生活应该按照你制定的规则来运转吗？有付出就一定有相应的回报吗？一定存在善有善报吗？

事实上，生活并非如此。有时它会没来由地以厄运回报你，但有时又会无缘无故地奖励你一束鲜花。我的部分来访者似乎没能看到生活中的礼物和好运，却总是关注到向他们袭来的厄运和危险。

所以，请放弃在生活中寻求公平吧！没人能找到的。但你可以转而寻找机遇，当它们出现时就立刻行动起来。不要因为过去的某件事情出了问题，就认为未来也会自然而然地朝负面方向发展。如果你试着连抛4次硬币，即使每次都得到反面朝上的结果，再抛一次正面朝上的概率其实还是50%。所以，不要屈服于迷信，那完全是胡说八道。

勇敢面对是最好的开始

行动比感受更重要。如果你打算试着应对自己恐惧的事物，一开始的时候别期待自己能沉着冷静。你可能会极度紧张，但那也没关系。努力完成它吧！你追求的不是完美或冷静，把那留给未来的自己吧，现在的你只需要直面自己的恐惧。万事开头难，**直面焦虑与应对焦虑是最艰难也是最重要的一步。迈出这一**

步，接下来的事情自然会水到渠成。

即刻行动，不求一步到位

解决焦虑和回避问题绝非易事。如果你打定主意要做一件困难的事，但迟迟无法下手，那可能是因为你对自己的要求太高了。要知道一举成功难于登天，所以大脑就下达了退缩的指令，使你迟迟不愿意开始。因此，不要想着毕其功于一役。可以先试着迈出第一步，哪怕只是一小步。对你来说，完成一部分任务也许比完成全部任务更好，因为它不会令人那么痛苦，你也会更乐于坚持下去直到达成最终目标。因此，请不要给生活增添不必要的困难。

这或许和我们多数人从小接受的教育背道而驰。"不要半途而废""不要虎头蛇尾""作业全部做完才能玩"等，某种程度上这些都是适合教给孩子们的优秀处世原则。但在应对焦虑方面，要对它们作出一些修改。比如"在半途休息一下，不用急着完成""试试看，如果不成功也别担心，明天再来""什么时候做完都可以，不用着急""做点作业，然后去玩一会儿，回来再接着做"等。对于焦虑的人而言，以上这些原则才更合适。

　　我由衷地希望本章列出的建议能给你一些启发，对你有所帮助。如果在这个阶段进展不顺也不必担心。我在前文概述了一些思路和策略，这样你可以在等待专业帮助时先实践起来。请谨记，**这些策略不是治疗的替代品，只是一种准备工作**。如果遵照这些原则和策略能为你带来满意的效果，成功地控制住焦虑，那固然很好，但即使不太奏效也没关系。你已经迈出了应对焦虑的第一步，这本身就是一场胜利！

第七章
强效的心理疗法

本章将简要介绍一些行之有效的缓解焦虑的心理治疗方法。如果你还未向医生咨询，请尽早前去。心理治疗可能需要等候较长时间，所以越早排队就能越快摆脱焦虑。治疗中的朋友请再坚持一下，因为任何治疗都需要一定的时间才能发挥效果。此外，焦虑障碍状也可能在一段时间后复发，所以有不少人需要进行多个疗程的治疗。但如果能坚持下去，遵循医嘱，那么最终很有可能永久地克服焦虑。

如果你正在等候接受正式治疗，那么不妨在本章了解一下之后可能会接触到的心理疗法。

认知行为疗法

在目前广泛应用的针对焦虑的心理疗法中，历史最为悠久的是认知行为疗法（cognitive behavior therapy，CBT）。其理论的出发点是心理学家阿伦·贝克提出的认知三联征（详见第二章）。焦虑障碍患者往往对自身（无力量、无价值、脆弱）、世界（敌意、危险、无法预测）和未来（充满威胁、灾难和陷阱，要小心提防）抱有消极的看法。

认知行为疗法的第一步是识别构成认知三联征的消极想法以及这些想法背后根深蒂固的假设，治疗师会引导患者用结构化、逻辑化的方式挑战这些想法。接着，有一些行为实验会用来检验患者看待自身处境的不同策略。最后，患者向治疗师反馈实验结果，并根据实验发现的证据来决定如何改变原有的想法和假设。这是一个长期的治疗过程，因为焦虑是十分顽固的。在治疗过程中，新的消极想法会不断涌现，反映出相关却未被察觉的有害假设。每当它们出现时，就要用同样结构化的方法加以解决。整个过程就像处理一艘漏水的船，堵住一个漏洞又会出现另一个，如此往复。最终所有的洞都会被堵住，这样小船就又能继续安全航行。因此，**请坚持下去，不要中途放弃**。这是认知行为疗法中，关于"认知"的部分。

认知行为疗法还会要求患者掌握前两章中提到的策略，尤其是放松和避免回避，这是该疗法的"行为"部分。**交互抑制原则**决定了人无法同时处于焦虑和放松状态。如果你非常容易进入放松状态，可以将放松训练与焦虑的对象结合起来，这样你就能试着打破恶性循环，脱离"对恐惧产生恐惧"的怪圈，避免由回避产生更多恐惧。另一个更重要的原则是**系统脱敏法**。你可以列出自己恐惧的场景，对它们进行排序并据此建立恐惧层级阶梯：底部写不那么害怕的场景，顶部写非常害怕的场景，从下往上，恐惧的程度依次递增。然后，在练习脱敏时你就可以像爬梯子一样一次一格地向上爬，逐一克服恐惧。在练习的过程中，你还可以同时搭配放松练习以达到更好的训练效果。如果你患有广泛性焦虑障碍（详见第一章），那么你的列表也许不像一般的梯子那样有许多格，因为你的恐惧没有明确的对象，这意味着你只是单纯处于焦虑状态，但是识别出任何想要回避的事物或情景对你而言也同样重要。你可以结合放松训练做一些尝试。无论如何，请每天至少进行半个小时的放松训练。我知道你很忙，没有时间，但你要尽可能地挤出时间进行练习，因为这可能是决定治疗成功与否的关键因素。

接下来我将通过举例来说明认知行为疗法如何在实践中发挥作用。我会再次以社交焦虑障碍为例，因为它能很好地展示认知行为疗法的运作模式，但其原则同样也适用于人们所经历的任何焦虑问题。

梅格十分缺乏自信，她对自己的评价不高，认为自己又笨又无聊也没什么吸引力。因此，她总是尽可能地避免社交活动，不仅不常出门，在工作中也很少与人交流。她努力避免与人谈话，并不是因为她想要独处，而是害怕社交互动中出现问题而带来尴尬和羞耻。与人交谈时，她就会表现得畏缩，还时常为缺乏社交技能而自责。因为过分焦虑，她还会口吃和脸红，并经常丢失聊天的思路。总体来看，梅格形成了"对恐惧产生恐惧"和回避的恶性循环，变得越发孤独。她渴望身边有朋友，也想找到稳定有爱的伴侣，但这些对她而言似乎只是一种不切实际的幻想。

经人推荐，梅格开始接受认知行为疗法。在等待治疗的几个月里，她学习了放松训练并且每天都坚持练习。

梅格的治疗师首先从她的恐惧入手，了解其背后根深蒂固的假设和想法。它们可以被划分为以下六大类：

1. 我很糟糕（又丑、又笨、又无趣）。

2. 我总是失败。

3. 没人喜欢我，大家都嘲笑我脸红、口吃、还会大脑短路。

4. 我是世界上最不擅长社交技巧的人。

5. 我应该比现在更好的。

6. 羞耻是世界上最糟糕的事，一定要尽可能地避免。

其中有一些假设可以直截了当地解决，比如，梅格并非总是失败的。虽然家里给予她的鼓励很少，中学期间她也受到不少校园霸凌，但她的成绩很好，在秘书专科学校的表现也非常不错。在梅格的性格形成期里，她的父母常争吵，颇受欢迎的运动员哥哥则一有机会就嘲笑她来取乐。尽管在学校和家里看到的多是残酷的现实和可怕的霸凌，但梅格在期末报告里总会因为勤奋和善良而受到表扬。

那梅格是一个无趣的人吗？这可能要取决于你的主观看法。如果你是一个性格外向、爱好运动的人，那么或许确实如此，因为你们几乎没有共同点。但如果你有更安静的爱好，比如古典乐、历史小说和电影，那你会发现梅格非常有趣，因为她在这些领域涉猎颇深。可梅格认为这些兴趣毫无价值，她的治疗师将在治疗中试着挑战这一无益的价值评判。

梅格不应该是现在这样，是吗？为什么对其他背景相似的人来说，害羞、腼腆是情有可原，但是放到梅格身上不行？为什么要双标呢？

梅格的治疗师会花一些时间梳理这些有害的想法

和假设，温和、有条不紊地一一挑战它们。更重要的是，梅格将在她的鼓励下发起自我挑战。

这些"认知"上的努力旨在改变梅格对自身、世界和未来的看法，虽然它们十分重要，但也有相当大的局限性。归根结底，"认知"还是需要现实世界的检验的。在这一阶段，梅格的治疗师会设置一些行为实验。一开始它们的要求不会很高，因为如果她一开始就被推向充满恐惧的事物而受到心灵创伤，就太得不偿失了。所以，治疗师会要求梅格将自己恐惧的情景整理出来，列一个从重到轻的恐惧层级清单：

难
↑

1. 邀请单身的邻居菲尔去附近的小店喝饮料。

2. 在大门口遇到菲尔时和他聊一会儿天（他经常和我同时出门，看上去也很友善）。

3. 早上休息的时候和简聊天（她非常友善）。

4. 周五下班后和同事去酒吧给布莱恩饯行（待半小时，再找个借口离开）。

易

5. 和同事一起吃午餐，而不是自己一个人吃。

6. 邀请表姐苏去附近的咖啡店。

　　以上仅是一个示例。在实践中，患者列出来的恐惧场景清单恐怕会长得多。在目前的阶段，梅格要想和菲尔聊天恐怕很难，但我们可以期待一下。等她在最初几步积累了足够的自信、时机成熟的时候，事情自然会水到渠成。这正是设置恐惧层级的意义所在，日积跬步，以至千里。小步攀登，坚持不懈，终有一日能登上高山。

　　我们不妨跟着梅格一起试着迈出第一步，来看看她怎么克服恐惧层级清单里难度不太大的第 5 项。

　　上午的工作临近结束时，梅格暂时离开工作岗位，在厕所里进行一次放松训练。12 点 35 分，大家都去食堂吃午饭，梅格也跟着前去用餐。她走到同事们的桌前，询问是否能加入他们。简代表大家回答："当然啦！"然后简继续刚才的话题，讨论新的工作目标是否合理以及夏天来实习的年轻小伙子身材如何。梅格的自信还不足以让她参与到讨论中，但她接上话说，新的工作目标很难在上班时间内完成，害得她几乎赶不上 6 点回家的火车。尼娜笑着回应，这是因为她打字太慢。梅格想不出什么风趣的应答，于是在剩下的午饭时间里都保持沉默。她在接下来的一天里都在责备自己不够健谈、风趣与坚定，还对自己说"真没用，连半个小时都撑不住"。

在第二天的认知行为治疗中，梅格的治疗师与她一同回顾了午餐时发生的事。首先，梅格认为"这是一段糟糕经历"的看法将被瓦解。她心目中的完美标准被打破，因为那根本不切实际。事实上，梅格第一次尝试与同事坐到一起并坚持了整整半个小时，甚至还参与了聊天，这在目前的情况下无疑是一种进步。而且尼娜的调侃实际上也不过是一个拙劣的玩笑（大家都知道她喜欢这样），并不是真正的批评。梅格没有与她争辩是一件好事，不然还会显得她防卫心太强。总而言之，这是一个非常好的开始。可惜梅格并不相信，所以治疗师让她根据与尼娜的对话对以下结论的可能性进行评估：

1. 尼娜认为我是一个糟糕的打字员——20%

2. 大家都认为我是一个糟糕的打字员——40%

3. 尼娜在恶意中伤我——20%

4. 尼娜在开玩笑——20%

　　梅格随后答应治疗师，下次在咖啡机旁遇到简（她知道简很友善）时会向她确认这些事情。第二天机会就来了：

　　"你好呀，简！还记得我上次和你们一起吃饭吗？"

　　"是的，你能和我们一起吃饭真是太好了。"

　　"你记不记得尼娜说我打字慢？是不是大家都这么认为呀？"

　　"什么？当然不是啦！别太较真啦，尼娜就是那样的人。你打字测试的时候比我快不是吗？我记得你好像比尼娜也快呢！"

下一次进行认知行为治疗时，梅格与治疗师讨论了简的反馈，调整了对之前结论的评估：

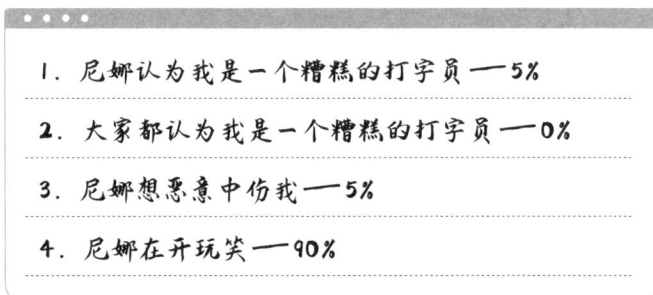

1. 尼娜认为我是一个糟糕的打字员——5%

2. 大家都认为我是一个糟糕的打字员——0%

3. 尼娜想恶意中伤我——5%

4. 尼娜在开玩笑——90%

现在梅格得到的结论已经有所改变了。她的治疗师以此为据反过来推倒了她关于自己的错误假设，首先就是"我很糟糕"和"我总是失败"。治疗师将行为实验中获得的证据与先前的假设进行对照，帮助梅格发现其中的反差。梅格的表现并不差，显然她还算得上是一个优秀的打字员。

如你想象，梅格还需要做更多类似的行为实验，揪出更多的错误假设并且努力扭转这些看法。成功的认知行为治疗需要花费一段时间，而且有时需要反复尝试，但一定不要中途放弃。如果你只有几次治疗机会又认为这远远不够的话，可以试着申请更多机会。如果实在没办法，你可以自己或者在家人、朋友的帮助下一起坚持认知行为治疗，还可以在网上找到相关的应用软件。"恐惧斗士"（FearFighter）和"银云"（SilverCloud）是两款备受好评的认知行为疗法的应用软件，但是需要通过医生或心理健康专家推荐才能获取使用权限。"捕获"（Catch It）则是一款适用于手机和平板电脑的相关应用，你可以通过应用市场进行下载安装。

有关认知行为疗法的自助书籍有埃德蒙·伯恩（Edmund Bourne）的《焦虑障碍与恐惧症手册》（*The Anxiety and Phobia Workbook*）。使用自助材料时请务必留心这一点：如果你试图追求完美或因为短期内看不到进展而自我责备，那很有可能产生相反效果。所以，请记住这不是一次考试，而是一个可能有些缓慢的自助疗愈过程，它旨在一点点帮助你改变思维方式、感受方式和生活方式。过程中有些症状也许会经历反复，但只要坚持不懈，最后往往都能取得胜利。

认知行为疗法还发展出了一些分支疗法，所以如果你在治疗中遇到的模式和本书所描述的不尽相同，也不要太担心。比如，有一个分支被称为"认知分析疗法"（cognitive analytic therapy，CAT）。顾名思义，这是一种将早年关于体验和情感的探索与认知行为疗法相结合的疗法，它所聚焦的生活和情感体验恰是造就了今日之我的重要部分。这种疗法对部分人群有很好的疗效，尤其是那些早年的生活创伤与焦虑有明显因果关系的人。

正念

正念（mindfulness-based cognitive behavior therapy，MBCBT），即正念认知行为疗法，是基于佛学和其他东方哲学产生的一个分支。它由美国科学家乔恩·卡巴金（Jon Kabat-Zinn）等人发展形成。卡巴金是《正念：此刻是一枝花》（*Wherever You Go，There You Are：Mindfulness Meditation for Everyday Life*）的作者，我强烈推荐大家阅读此书。卡巴金是埃克哈特·托利（Eckhart

Tolle）早期作品的拥护者。托利著有畅销书《当下的力量》（*The Power of Now*）等作品。

托利是一个十分有趣的人。他原本有着不错的生活，拥有工作、财富、名声和爱情，但他的内心却很悲伤，甚至曾想要结束自己的生命。幸好他没有付诸行动，而是苦思于为什么自己会如此不快乐。最后，他找到了答案：他从未享受过成功带来的身外之物，因为他把大把的时间都浪费在懊悔、反省过去发生的错误或受到的不公正对待，又或是转而担心将来可能发生的问题。由此，他想到了一个激进的方法，那就是放弃既有的一切！他放弃了工作、伴侣、房子和钱财，像流浪汉一样靠乞讨生活，并且终日练习冥想。大约一年以后，一本书稿在他的脑海中成形，这就是日后的百万级畅销书《当下的力量》，于是他又变得富有起来。你们看，人生的得失还真是奇妙。

简而言之，托利要传达的思想是：**学着活在当下，问题就会烟消云散**。痛苦的根源并非是事情本身，而是因过去的错误而自责、因经历的不公而抱怨以及因未来的变化而恐惧。这其实是一个迷思，因为我们的记忆是有选择性的，与完全中立的观察者相比，被焦虑困扰的人倾向于记得事情更消极、更具创伤性的一面。他们还会对各种灾难产生恐惧，虽然其中的99%从未在他们身上发生过。这不是说坏事永远不会发生，只是说灾难往往是没有任何预兆的。你的担心是一种必须要摆脱的幻想，而达成这一目的的方式就是真正地活在当下。

既然谈到了推荐书目，我还想推荐马克·威廉姆斯（Mark Williams）与丹尼·彭曼（Danny Penman）的《正念禅修：在喧嚣的世界中获取安宁》（*Mindfulness: A Practical Guide to Finding Peace in a Frantic World*），它可能是英国市面上有关该话题最好的作品了。另外，"头脑空间"（Headspace）是一款苹果和安卓平台上的正念应用软件，它支持10天的免费试用，适合喜欢听有声材料的人。"头脑空间"有三款基本的冥想指导，而且另有许多主题可以选择，比如压力、焦虑、欲望等。冥想会持续3～20分钟，当你逐渐熟练就可以根据自己的时间安排选择适合的时长。据说"平静"（Calm）这款应用软件也很不错，同样支持免费试用，你感兴趣的话可以试一试。

虽然这么说可能有些过度简化，但在我看来正念有两大基本原则：第一条是**真正地存在于当下**，这一点我在前文中已经讨论过；第二点是**停止对抗**，这意味着不要对抗过去、未来和现实的不公，包括你的身体症状、感受、情感、生理缺陷以及其他所有的一切。试着去单纯体验自己的存在。只要坐着就可以，别的什么都不用做。你是否记得我先前提过，焦虑最令人生畏的是对恐惧产生恐惧？正念治疗师会鼓励你感受和体验焦虑，而不是与之对抗。焦虑是非常任性、乖张的，它就像一只小狗，如果你不喜欢狗，想尽办法把它推开只会激发它对你的兴趣，使它变本加厉地纠缠你；但如果你接受它甚至欢迎它，那小狗反而会离你而去了。所以，与其无视和回避焦虑的生理症状和脱缰的思绪，不如去洞察和感受它的本质：**它们只是自然、无害而且转瞬即逝的体验**，就像我在上一章例子中提到的从头顶飞过的那群鸟。不要去评判你的症状或思想，也不要从中得出什么结论，单纯去体验它们就好。

我曾对来访者做过一个正念测试。我办公室所在的大楼门口有一个花坛，我问他们进楼时是否注意到花的颜色。大部分来访者都答不上来，因为他们忙着思考接下来的治疗或者导致他们需要接受治疗的问题。其实，过去的事情已经过去，正式治疗很快就会开始，到时候会有充足的时间让你梳理生活中遇到的问题。对于走进大楼的你而言，当下拥有的只是花坛里的鲜花带给你的美的享受。感受它们，感受当下，**只有存在于当下的事物，才是真实的。**

正念的原则虽然简单明了，但实践起来却比较困难，所以你可能需要一些帮助。目前，正念已被许多治疗师采用，也经常以小组教学的方式来进行教授。如果你有机会加入正念练习小组，请不要推辞。当下已有许多证据证明这种方法的有效性，况且如果你不想与人交流的话，也不用和小组中的其他成员进行互动。因此，即使你患有社交焦虑障碍，也不用害怕参与这类小组会涉及什么高难度的社交要求。

接纳与承诺疗法

接纳与承诺疗法（acceptance and commitment therapy，ACT）是正念认知行为疗法的一种形式，近年来逐渐受到人们的追捧。单从名字就不难看出它的重点——**接受你的症状，并且接受你的局限和问题。**不要试图回避或逃避它们，让你的感受顺其自然，允许自己做不到事事擅长、事事完美。试着观察自己的弱点而不是因此进行自我批评，同时要明白自己的优点。请别追问为什么，把这个问题忘记，接受现实并以此为基础努力吧。

ACT 还可以看作是以下几个词的缩写：

"Accept"——接受你的反应，让自己存在于当下
"Choose"——选择一种价值取向
"Take action"——采取行动

虽然你的感受和症状暂时不会改变，但你可以控

制自己对它们的反应。这就涉及该疗法中的"承诺"部分。你可以与治疗师商量制定一套能接受的新行为方式，承诺自己不论有什么感受都会好好地执行下去，并且在这个过程中会试着去认识和体验这些感受。

有时，某些感受或许会让你很痛苦，尤其当它们被他人激起的时候，会更加令人难以忍受。棍棒和石头也许会打断你的骨头，但言语的伤痛则更胜一筹，这就是为什么治疗师的角色如此重要。治疗师能帮助你在不回避感受的同时，保证你始终在正确的方向上前进。

接纳与承诺疗法对大部分焦虑障碍都有不错的效果。如果你想阅读更多的相关内容，可以尝试阅读史蒂夫·海耶斯（Steven Hayes）和斯宾斯·史密斯（Spencer Smith）的《跳出头脑，融入生活：心理健康新概念ACT》（*Get Out of Your Mind and Into Your Life：The New Acceptance and Commitment Therapy*）。

焦虑的探索性疗法

英国医疗保障体系下的心理治疗大多基于认知行为疗法（或多或少会强调认知元素，主要取决于所需治疗的问题）和正念。对多数焦虑障碍患者而言，专注于此时此刻的问题，并且试着改变思维和行为方式似乎对他们大有帮助，其效果不亚于探寻恐惧的历史根源。这种疗法也相对高效不少，典型的认知行为治疗大约需要持续 6～20 个疗程，而探索性心理治疗可能会持续数月或数年，每周只需进行 1～2 次治疗。

洞察焦虑的源头并不一定能带来症状的减轻，但这也仅仅是探索性（精神动力学，或称精神分析学）疗法的方法之一。有意思的是你与治疗师间的关系会在探索性治疗的过程中扮演着更重要的角色。在治疗中，治疗师会鼓励你观察治疗前后你所经历的感受。一般而言，随着时间的推移，你对治疗和治疗师的感受会反映出你对早年重要人物的感受，这被称为移情（transference）。许多施行探索性疗法的治疗师认为移情是一种极为有力的方法，它在修复由过往（尤其是童年）不良人际关系造成的伤害和问题时有无与伦比的效果。

通过了解探查性疗法的原理，相信你能明白过来，相比于专注目前的思维和行为的疗法，它能给一部分人带来独特的益处。假设儿童时期的你在学校和家里都曾遭受霸凌。成年后，你发现自己的每一段感情都由于焦虑、缺乏信任和逃避亲密关系而触礁沉没，为此你感到难以释然。同样的感受也会在治疗中有所体现，因为你无法信任治疗师。通过克服横亘在你与治疗师之间的恐惧，你会学到如何在其他关系中信任对方。这仅仅是一个例子，但能说明一些人为何能从探索性治疗中得到认知行为疗法无法带来的收获。

在实践中，历时数年的探索性治疗对大部分人来说都不甚实用，而且英国医疗保障体系也并未将它纳入其中。但是，短期的聚焦式心理疗法可以通过数次治疗就成功地解决焦虑背后的某个问题。顾名思义，这是一种短期聚焦于某个心理问题的治疗形式，而非对整个生活进行探究。认知分析疗法比全套的探索性

治疗更快捷，因此有时被包括在英国医疗保障体系的
范围内。

替代疗法

本书不会详细阐述形形色色的替代疗法，因为这
不是我的专业领域。我所受的训练是在研究提供证据
的基础上，科学地开展医学实践。当然，我也会从自
己和同事的临床经验以及来访者的过往经历中不断学
习。与之相反，替代疗法更像是一门艺术而非科学，
因为它没有大量的研究证据作为支撑。我不是说替代
疗法完全没用，它可能有一些作用。但是让我来谈替
代疗法，就像问一个油漆匠对达·芬奇的油画有何看
法。他也许能说出画作中颜料的名字，但也就仅限于
此了。所以，如果你相信某种替代疗法，并且它对你
确实有效果，那么不妨一试。你从任何疗法中得到的
帮助都会是非常有力的证据，但它们可能仅是对你有
用。此外，我想唠叨一句：**不要盲从别人的建议**。比
如，你的朋友比尔告诉你不要去看医生，因为他觉得

治疗焦虑最好的方法是每天在一块月岩下静坐 5 个小时。你可千万别听他的，也许他正盘算着要卖石头呢。同样，我也不会向一个屠夫咨询法律意见。所以，我的建议是最好还是向专业人士寻求专业帮助，遇到心理问题还是去看医生吧。

另外，有研究证据显示催眠和针灸对治疗焦虑障碍也有一定的效果。但我认为与先前列举的治疗手段相比，它们的证据还是太过薄弱。超验冥想（transcendental meditation，TM）也有一定的证据支持，但这并不奇怪，因为它与正念练习有许多相似之处。

在此，我不会讨论宗教信仰对治疗焦虑的作用，因为这不是本书的主题。不过可以这么说，我的许多来访者似乎都从各自的信仰中受益匪浅。所以，如果你有所信仰也可以从中寻求帮助。但如果有人说焦虑是罪孽的结果或者是你祈祷不够的后果，那请千万别信他们。因为在我遇到的来访者里，有一些最焦虑的人同时也是最虔诚的信徒。

如果你无法得到及时的治疗，也许可以尝试先向当地医疗系统争取一下。俗话说得好，会哭的孩子有糖吃。如果你长期受到严重焦虑的困扰，它极大地干扰了你的正常生活，那你就有权得到有效的治疗。请在必要的情况下努力争取。如果依然一无所获，但你又有一些存款的话，那你可以考虑自费寻求心理治疗，去询问医生该找谁以及该寻求怎样的治疗吧。因为他们知道谁是业内最好的治疗师，也了解哪些治疗师和顾问值得你付出自己的辛苦钱。如果你有个人医疗保险，那你可能会被指定一位心理健康专家，他会诊断和监督治疗的全过程。在我看来，这并非坏事。因为自我诊断不总是那么可靠，治疗尝试的第一个疗法也未必总是有效。更何况在某些情况下，我们可能需要一些额外的药物配合，心理治疗才能更好地发挥作用。

第八章
辅助疗愈的相关药物

　　很少有什么话题能像焦虑障碍的药物治疗这样容易引发热烈的争论，每个人似乎都想把自己的看法强加给你。有条规律是这么说的，一个人观点的强硬程度与他的知识储备和智慧程度呈负相关。换而言之，当媒体上时不时出现耸人听闻的标题来谈论药物治疗焦虑障碍的功效或副作用时，你就该对此持怀疑态度了。因为**这些药物既不是安慰剂，也不是万能药。**

　　关于药物治疗的轰动性声明大多都是针对抑郁症及抗抑郁药物的，而同一群拥护者也在同时对焦虑障碍药物（包括前文提到的抗抑郁药）发表观点，本章会提及这一争论。虽然我很乐于详细揭露该领域伪装成研究成果的"假新闻"，但我猜想这些内容会让你昏昏欲睡。简而言之，病情的诊断、显著性水平的阈值、安慰剂效应的强度等因素都给解释研究结果增加了难度。焦虑何时开始算作一种疾病？何时只是一种情绪？什么样病情的患者能参与药物试验？试验药物是否仅对某些类型的焦虑障碍有效？在这种情况下，各类型患者参与同一项试验是否无法说明药效？焦虑减轻多少算药效显著？安慰剂效应有多强？我先简单回应一下几个容易理解的问题。

（1）药物的辅助效果

其实，药物主要对较严重的焦虑障碍有帮助，而且不同的药物对各类焦虑障碍的效果不同。戈登·帕克（Gordon Parker）教授最近发表在《英国精神病学杂志》（British Journal of Psychiatry）上的一篇论文指出，如果把患有"严重呼吸困难"的病人归为一类，将该症状视为一种诊断结果，那么你给出的治疗方案最终会对其中多数人无效，因为对支气管炎有效的药物无法平复哮喘，而一些对焦虑型呼吸困难有效的药可能使哮喘的病情加重。同理，如果把不同类型的焦虑障碍患者放在一起研究，也会出现这样的问题。

（2）安慰剂效应

有研究显示，安慰剂效应对治疗的影响也很大，而且医生的面谈也会带来类似的效果。多年前我做过一项镇静剂撤药研究。按照试验计划，我们在研究之初会与参与试验的患者进行两场面谈。面谈在撤药开始前间隔两周分别举行，主要目的是测量试验对象的基准焦虑水平。按照指示，研究员在会话中不做任何治疗，只进行各项测量和等级评定。然而在实际操作中，研究员出于关心，会满怀鼓励地与试验对象聊天，询问他们过得如何、同情他们的遭遇、问候他们的宠物等。仅仅是这些"聊天"就导致整组受试者的焦虑水平均值在导入期出现减半。因而，似乎鼓励性的人际交流等不明确因素会对焦虑障碍产生强有力的影响。

总体来说，研究结果往往是很难解释的。但我会试着在本章给出我的结论。在具体展开前容我先做一个简单的总结：**如果心理疗法对你有用，那就不要尝试药物；但是如果焦虑已经严重到无法有效地参与心理治疗，那么适当用药可能会很有帮助。**如果身处盲目的恐惧中无法进行治疗，借助药物缓和病情或许能帮助你将恐惧转为焦虑，进入可以有效思考和行动的状态。请记住，用药的目的不是借助药物消除焦虑，因为停药后病情又会反复；用药只是能缓解焦虑，使你能更好地配合心理治疗，最终需要通过心理治疗在长期层面上解决焦虑问题。虽然一小部分人需要终生服药，但大多数人都可以在心理治疗发挥作用后慢慢地脱离用药。

下面我将介绍在治疗严重焦虑障碍时最常用的几类药物：

SSRI 类抗抑郁药

选择性 5- 羟色胺再摄取抑制剂（serotonin-specific reuptake inhibitors，SSRIs），顾名思义主要作用于神经递质 5- 羟色胺。这类药包括氟西汀（百优解）、帕罗西汀（赛乐特）、西酞普兰（喜普妙）、艾司西酞普兰（来士普）和氟伏沙明（兰释）。主打抗焦虑的药物——丁螺环酮（一舒）也是类似的作用机制。SSRI 类药物一般被当作治疗焦虑障碍的一线药物。

（1）药效

必须注意的一点是，刚开始服用 SSRI 类药物时，你会感觉焦虑状况有所加重，这个阶段可能持续长达两周。但请一定尽力再坚持一下，因为最初的副作用通常会逐渐消失，正向效果会在服药 4 ～ 6 周后开始显现。如果你感觉用药后特别糟糕，那就停止服药并尽快去看医生，因为可能还有其他更适合你的药物。选定一种 SSRI 类药物后，要坚持每天服用直到医生建议停药为止，如果不按时服用则不会有什么效果。

由于减缓焦虑的效果有所延迟，SSRI 类药物的成瘾性很小。请注意，任何即刻见效的药物都会因为条件反射原理（详见第二章）而有成瘾风险。"吃一片药"和"焦虑减轻"的刺激匹配将在你身上形成服药的强烈倾向（渴求）。反观 SSRI 类药物，因为不会即刻见效，所以很少或几乎不会形成药瘾。尽管如此，规律服用某种 SSRI 类药物一段时间后，也不应突然停药，因为你可能会产生撤药反应。但如果是用几周时间逐渐减少药量直至完全脱离药物，那应该不会有什么问题。

　　SSRI 类药物对严重焦虑障碍患者非常有帮助。本质上，它们能为你的就医争取时间、缓解焦虑，帮助你顺利参与心理治疗并从中获得对症的持续性治疗方案。因为长期服用该类药物安全隐患较低，所以不必急着脱离药物治疗，比较恰当的做法可能是坚持服用，直到你不再需要药物或者医生不建议继续使用为止。

　　（2）注意事项

　　和所有药物一样，服用 SSRI 类药物也有一些注意事项。由于它们在初期会导致症状加重，有过自杀念头的患者应当三思而后行，除非身边有人能为其提供稳定的帮助和支持。如果你有癫痫、心脏病、肝病、肾病、青光眼或糖尿病，请一定告知为你开处方的医生。SSRI 类药物可能会与你服用的其他药物产生相互作用，所以也请确认医生知晓你的用药情况（包括阿司匹林等非处方药）。SSRI 类药物还可能导致性功能障碍，具体症状是难以获得性高潮。这个问题会在停止服药后自行消失，不过，长期服用该类药物可能会使你对性生活感到焦虑或失去兴趣，造成一些麻烦。

其他抗抑郁药物

比 SSRI 类药物出现更早的抗抑郁药大多也能用于缓解焦虑，比如三环类药物，包括阿米替林、丙咪嗪、氯丙咪嗪、度硫平（原来的生产商大多已经停止生产这些药物，所以它们不再有商品名）。较新的相关药物包括曲唑酮（美时玉）、洛非帕明（氯苯咪嗪）。

（1）药效

相比于 SSRI 类药物，如今较少使用三环类药物，因为它会带来更多的副作用，过量用药还会引发危险。不过，对于无法适应 SSRI 类药物或者需要助眠的患者而言，该类药物是很有帮助的。此外，它们大多具有镇静效果，所以也可以作为一种几乎不会上瘾的安眠药。

单胺氧化酶抑制剂（MAOIs）的使用历史比三环类药物还要长，问世已逾 60 年，比如苯乙肼、反苯环丙胺等。它们的使用范围同样较窄，因为其副作用会带来多种不便，而且还有忌口要求。在服用 MAOI 类药物期间，不能吃奶酪、酵母产品或者任何发酵食

物，尤其是红酒，否则会有危险。它们还会和其他
药物相互作用，也需要小心规避。现在有一种新的
MAOI 类药物——吗氯贝胺，它避免了上述的一些问
题，但被质疑是否具有和老药同样的效果。有人认为
MAOI 类药物在治疗惊恐障碍、恐怖性焦虑障碍和健
康焦虑障碍方面特别有效，不过由于上面提到的用药
禁忌，我不曾在工作中将它们作为常规药物辅助治疗
使用。

新的抗抑郁药有可能也对辅助治疗焦虑有效。比
如文拉法辛（怡诺思），它是一种强效抗抑郁药，心
脏病患者服用可能会产生更大的风险，而且对于部分
人群而言，它可能比 SSRI 类药物更难摆脱依赖。再比
如米氮平，它的镇静效果不错，可能也适用于失眠患
者，而且相较于 SSRI 类药物，它引发性功能障碍的可
能性更小。但它有时会让人食欲暴增，进而导致体重
激增。在极其罕见的情况下，米氮平可能会造成一种
有潜在危险的副作用，使得身体停止生成某种白细胞
（粒细胞缺乏症）。这种罕见并发症的症状最初像是
流感，如果在开始服用米氮平不久后就出现了发热症

状并感到虚弱，那么请立即停药并尽快去看医生。这种副作用是可逆的，但需要迅速被察觉出来。虽然很可能只是患了病毒性感冒，但遇到类似状况还是不要冒险，最好做一次血检来排除粒细胞缺乏症。

（2）注意事项

以上只是简单介绍了几种抗抑郁药，仅提到了它们的少量相关信息。你可以试着阅读一下药品附带的说明书，但也不必全盘接受上面的说明。生产商有义务在说明书上附上该药在世界范围内发生的每一种副作用，哪怕它只被报告过一次。如果你去看扑热息痛的药品说明书，你会发现副作用列表的最后一条是"晕厥、昏迷和死亡"，这听起来多可怕啊，但我们大多数人在头疼时服用它其实都挺安全的。如果你担心服用期间出现了其中任何一种副作用，都可以随时去咨询医生。

苯二氮卓类药物

这类镇静剂作用于大脑中的GABA（γ-氨基丁酸）系统（详见第二章）。在我刚从医学院毕业那会儿，患者几乎只要一诉苦或者仅仅是不开心，医生就会立即给他们开这类药。后来逐渐有报道称，有人对此类药物产生依赖并在尝试停药时出现撤药症状。于是历史又再次重演，医学界和我们服务的公众彻底转变了态度。变化的发生常常是颇具革命性的而不是缓慢又理智的渐进改变，镇静剂的使用史也不例外。地西泮（安定）、氯氮卓（利眠宁）、劳拉西泮（罗拉）和阿普唑仑等曾被妖魔化为危险的成瘾性药物，人们不惜一切代价避免使用它们。我对此感到遗憾，因为**真相往往在于折中，而非极端。**

（1）药效

苯二氮卓类镇静剂有潜在的成瘾性，但并不强烈。喝酒也会成瘾，但我们大多数人都喝得很愉快，适量饮用也不会出现太多问题。但是，对于有酗酒史或酗酒倾向的人来说，喝酒并不是个好主意，让他们使用镇静剂也同样是不明智的。有研究表明，在定期服用苯二氮卓类药物的人群里，大多数人并没有逐渐增加服用剂量。绝大多数定期服药的患者都能通过缓慢渐进的方式停药，并不会出现严重的撤药症状。

（2）注意事项

上述药物服用后都能立即起效，这与需服用数日或数周才能见效的 SSRI 类药物正好相反。如果你饱受严重焦虑之苦，想要吃一片药就能立即减轻症状，那么你会产生继续服药的强烈倾向（心理依赖），而服用延迟见效的药物则可避免这种情况。也就是说，你只有在一种情况下才能使用这类强效药物，那就是为了争取治疗时间。通过短期服用药物缓解焦虑，你能在更短时间内顺利进入后续的心理治疗，尽快达到想要的长期疗效。

因此，对于那些服用 SSRI 类药物无效或在前两周感到痛苦的人而言，苯二氮卓类药物是一个短期的解决方案。对于无法配合心理治疗的患者来说，SSRI 类药物或许能帮助你跨越障碍。比如，你在和恐怖性焦虑做斗争，根据不同的恐惧层级列出了自己恐惧的场景，但却因为严重焦虑无法开始第一级阶梯的尝试，那么一次性地使用镇静剂或许能帮你迈出第一步。一旦完成了第一级的练习，那克服层级较高的阶梯内容就会容易许多。不过请当心，不要每次都依靠镇静剂来面对自己恐惧的事物，只能偶尔或短期（最多几天）使用这类药物。此外，你还可以通过偶尔服用该类药物来应对你所恐惧的特定场景，比如飞行恐惧。不过，请一定在这么尝试前测试药效，因为人们对苯二氮卓类药物的反应差异很大。如果你碰巧对它们异常敏感，又正好在去机场前第一次服用，那你可能会因为出现类似醉酒的症状而被拒绝登机。你可以选择在无关紧要的时候做第一次服药的尝试，比如某个平静的周日在家中服用，这样你就可以评估药物对你的影响，判断多大的剂量才会有效。对了！服用镇静剂后请不要开车，那样非常危险。

直觉告诉我，苯二氮卓类药物应该对惊恐障碍有奇效，因为惊恐发作是间歇性的，需要的正是快速见效的治疗方法。但不幸的是，一些研究表明这类药物对惊恐障碍的效果不佳。

另一些苯二氮卓类药物（例如替马西泮）被用作安眠药，但它们在很大程度上已被相关的"Z-药物"所取代，如佐匹克隆、唑吡坦和扎来普隆。虽然这两类药物作用于相同的脑内化学系统，但"Z-药物"的作用方式却更加微妙，相比于减轻焦虑，更多的是促进睡眠。虽然"Z- 药物"没有强烈的成瘾性，但使用时仍需要像使用苯二氮卓类镇静剂一样谨慎。

抗癫痫药

大多数治疗癫痫的药物都有镇静作用。它们尚未被广泛应用于焦虑障碍的治疗，但由于高安全性（对没有患肾病或心力衰竭的人来说）和低成瘾性，我认为将来它们会更多地出现在处方里。最常用于焦虑障碍治疗的抗癫痫药物是普瑞巴林（乐瑞卡），如果你需要长期服用抗焦虑药物，但无法适应 SSRI 类或其他抗抑郁药，那么就可以选择它。但是，截至本书撰稿前，它的价格依然昂贵，所以一些医生在开药时会比较犹豫。

β 受体阻滞剂

β 受体阻滞剂本质上是一种抗肾上腺素药物，不过它只抑制这种激素对身体的作用，而非大脑。它们可以帮助那些焦虑的人们缓解不适的生理症状，改善他们在一些场合中的表现。比如，过去我常拉小提琴，在公众面前演奏时手常会颤抖，导致琴弓在琴弦上弹跳。这种情况发生的次数越多，我就越清楚地意识到，每位观众都能看出我有多焦虑，这让我更加尴尬并由此产生了恶性循环。普萘洛尔是一种效果广泛的 β 受体阻滞剂，它有助于缓解颤抖，但却会加重我的轻度哮喘，所以患有严重哮喘的人不应使用这类药物。

对于因自我意识过剩而患上社交焦虑障碍的人而言，β 受体阻滞剂或许可以帮助他们克服脸红、颤抖或者其他焦虑的生理症状，不过目前的研究结果却令人失望。有人认为它们可能帮助应对惊恐发作时的生理症状，但这一结果尚未得到相关研究证实。如果你主要担心的是他人从身体表现上看出你的焦虑，比如你在工作中必须做演讲，那么这类药也许值得一试。就像其他针对特殊情况偶尔使用的药物一样，不要在非常重要的场合做第一次尝试。更重要的是，这些药只能在医生的建议下服用。

抗精神病药

抗精神病药主要用于治疗精神病（如精神分裂症），也被称为"强效镇静剂"，因此被认为可以帮助焦虑障碍患者的治疗。但它们在实际使用中往往不如前文列举的药物有效。通常来说，有的人考虑到苯二氮卓类药物有依赖性风险，会转而选择使用该类药。但此举的合理性值得怀疑，因为长期使用抗精神病药物也会带来风险（特别是出现异常不自主运动，如迟发性运动障碍）。如果它们对你有用，这固然很好，但请一定谨遵医嘱，否则不要长期使用。

草药疗法

草药疗法和其他替代疗法广受大众欢迎，但在我看来，这是基于一个根本上的观念错误，即"天然的"就是更好的、更安全的。你不同意我的看法？好吧，那你喝你的毒芹（hemlock，一种欧洲常见的剧毒植物），我喝我的可乐吧。草药中通常含有多种物质，其中很多从未经过安全性或药效测试，也不曾通过严格的药物化合物检测。此外，它们和处方药一样，也会与其他药物发生相互作用。一种物质是天然的，并不意味着它就是安全的。比如，碳酸锂是治疗双相情感障碍的重要药物，但在我开过的处方里，天然生成的碳酸锂盐却是毒性最强的物质。

但是，这并不是说草药疗法绝对不起作用。如果阿特拉斯大兜虫的粪便提取物对你有疗效，那就用吧，我想你会很满意它的安全性。我丝毫不反对安慰剂，它能对相信它的人产生良好的疗效。不过请记得告诉医生你正在服用它，并带上所有能说明它成分的东西，以防其中的一些活性化合物会与其他药物产生相互作用。

实际上，大部分草药都没有确切证据证明其疗效，仅有少量证据表明山楂、甘菊、柠檬香蜂草和西番莲对焦虑障碍的效果好于一般的安慰剂。虽然有可靠证据支持卡瓦（一种胡椒科植物）的疗效，但它同时也会造成肝脏损伤（有时甚至会很严重），因此英国不将其纳入处方。

阿片制剂、酒精

阿片类止痛药与鸦片、吗啡、海洛因一样，作用于身体里的相同受体，具有很强的抗焦虑作用，但请永远不要将它们作为镇静剂使用。可待因也是一种阿片制剂，不过效果较弱。所有阿片类药物连续使用都会很快产生耐受性，药效减弱的同时将直接导致剂量激增。此外，它们还有严重的撤药反应，会产生强烈的用药渴求，很容易上瘾。如果你担心自己手术后对阿片类止痛药的使用剂量增加了，请一定尽早告知你的医生。其他止痛药没有阿片类药物的类似风险，也不会在停药时候加剧焦虑。

酒精是镇静剂，但却是很糟糕的一种药物。如果某个生产商在今天申请药物许可将酒精作为一种新药，那他们一定会被断然拒绝的，因为酒精有很多副作用，例如经常大量摄入酒精会导致耐受性、戒断反应、成瘾性以及对身体多个部位的伤害。所以，请不要用酒精来解决焦虑，还有更好的药物可供选择。去和医生谈谈你的需求吧。

　　总而言之，很多药物都可以有效参与治疗焦虑。为了能尽快参与心理治疗，和医生交流后，你可以根据需要使用合适的药物，为自己争取时间，寻找解决恐惧的长期办法。

第九章
特定类型焦虑障碍的治疗

我在前两章列出的大部分策略和疗法对多数焦虑障碍都有效果。不论焦虑的类型和严重程度如何，人们都应在生活中作出一些改变，学习新的技能来克服恐惧。如果焦虑问题较为严重且由来已久，那么你很可能需要心理治疗；如果你遇到阻碍和困难，难以配合心理治疗，那么中短期的药物治疗也许可以帮到你。但对于不同类型的焦虑障碍，最有效的治疗方式也是有所区别的，这正是我接下来要讨论的内容。

广泛性焦虑障碍

正如第一章中所述，广泛性焦虑障碍表现为持续的过度兴奋。在肾上腺素的作用下，身体总处于高负荷运转中。

药物辅助

抗肾上腺素药物（β 受体阻滞剂）可以抑制肾上腺素对身体的作用，但无法平复过热的中枢神经系统，也无法消除导致肾上腺素释放的恐惧。像地西泮这样的苯二氮卓类药物可以使你恢复平静，让一直处于紧张状态的肌肉放松下来。但就像我在第八章中所说，长期服用此类药物可能会上瘾，而广泛性焦虑障碍恰恰是一种长期疾病。

SSRI 类和三环类抗抑郁药没有苯二氮卓类药物那么高的成瘾风险，因此可以长期服用。但遗憾的是，它们对广泛性焦虑障碍的疗效并不像对惊恐障碍那样有充足的临床证据支持。使用 SSRI 类药物的前两周可能会比较艰难，在此期间可以根据需要添加一种苯二氮卓类药物。30 岁以下的年轻人在使用 SSRI 类药物的初期似乎更容易产生自杀的想法，用药时应充分认识到这一点并寻求必要的援助。

像普瑞巴林这样的抗癫痫药物的成瘾性较低，但是作用效果偏向于镇静。虽然服药后嗜睡在短期内是可以接受的，但如果需要长期使用，那它的效果远不够理想。

心理疗愈

有充分证据表明，认知行为疗法、正念练习和接纳承诺疗法都能有效治疗广泛性焦虑障碍，且不同于药物治疗的是，它们的效果可以延续到治疗结束后很久。不过话虽如此，广泛性焦虑障碍还是会在生活不顺时卷土重来，所以很多人可能需要不止一个疗程的治疗。最好准备一本认知行为疗法的自助书籍或正念应用软件（详见第七章），因为它可以帮助你在生活趋于复杂时找回治疗的感觉和方法。为了能拥有稳定的效果，我建议每天都坚持进行简短的放松练习或正念练习。

改变整个生活方式和长久以来消极的设想是摆脱恐惧的必经之路。人生不是用来控制、完成或评判的，而是要体验和不断学习，培养同情心，特别是对自己。**请允许自己犯错**，让生活按照它自己的方式走下去，而不是以你设想的方式。人们可以摆脱焦虑，但这或许是一个漫长的过程。这里有一条我强烈推荐、值得遵循的法则：**即使经过努力也没能很好地解决焦虑问题，也请不要批评自己。** 少一点评判，好好坚持下去吧。

总结来说，如果你正为广泛性焦虑障碍而苦恼，那可以根据第五、六章中列出的建议作出改变并学习一些克服焦虑的技能。如果你与广泛性焦虑障碍长期纠缠并且情况比较严重，应该尽快找医生推荐一些特定的治疗方法，并且保证自己只在医生推荐用药辅助开展心理治疗时才能服用。不过，长期使用抗抑郁药总体上是安全的，许多人在有效治疗后都能慢慢停药。

惊恐障碍

惊恐障碍常在瞬间发生，身体会马上表现出与"战逃反应"相似的一系列行为变化。

药物辅助

目前尚无有力证据表明 SSRI 类药物对广泛性焦虑

障碍的疗效，这实在出乎我的意料。不过同样令人惊讶的是，苯二氮䓬类药物在针对惊恐障碍的治疗研究中也没有很出色的表现。它们理应是有效的，因为惊恐障碍发作是突然的，你会很容易认为地西泮或者起效更快的劳拉西泮等药物是完美之选。究其原因，可能是由于苯二氮䓬类药物作用的 GABA 受体（详见第二章）在惊恐障碍发作时关闭了；也可能是惊恐发作的速度太快，药物无法及时发挥作用，以及"恐惧—出现身体症状—更加恐惧"的恶性循环太过强大，一旦发生则没有化学物质能切断。SSRI 类和三环类抗抑郁药的效果之所以更好，可能是因为在下一次惊恐发作前，它们就已经在身体中做好了准备。同样值得注意的是，与服用苯二氮䓬类药物治疗广泛性焦虑障碍相比，用它们治疗惊恐障碍更容易让人上瘾。总之，SSRI 类药物是治疗惊恐障碍最常用的选择。一些精神科医生也会给那些不能服用抗抑郁药物的患者开普瑞巴林或 β 受体阻滞剂。不过，后者似乎效果不佳，这再次出乎我的意料。

心理疗愈

认知行为疗法、正念练习和接纳承诺疗法对惊恐障碍的效果都还不错。在治疗初期，你也许需要服用药物以便更好地投入。但更重要的是，每天都请坚持做放松训练，风雨无阻。刚开始可能效果不佳，但这不是重点。和所有技巧一样，放松也必须通过反复练习才能逐渐掌握直到收放自如，让你在需要的时候可以像开灯一样即刻打开开关。最难放松的时候往往也是最需要放松的时候，尤其是在惊恐障碍蓄势待发的关头。请时不时提醒自己，最开始进行放松训练是为了学习，所以不要一开始就期盼它能在斗争最激烈的时候发挥作用，这可能需要你经历长达数月的每日练习。但请坚持下去，因为最终一切努力都是值得的。

在讲到放松训练时，我说过一则自己的往事：我曾每日进行放松训练，并且坚持了两年之久。这是因为我第一次参加医学院的面试时经历了惊恐障碍发作。当时，一位凶悍的考官厉声让我回答"按发病率高低对导致肾功能衰竭的 10 个病因进行排序"这个问题。我的大脑突然一片空白，他透过半框眼镜瞪眼看我时，我完全陷入了恐慌中，不得不就此离开房间。医学院很体谅我，让我在一年后重新参加考试，但这意味着我必须在这段时间内学习如何应对惊恐障碍。我练习了大约 3 个月才有一点点效果，练习了 9 个月左右才能在引发焦虑的情景中放松下来（然后我顺利通过了考试），练习了两年多才达到我如今的状态。现在，必要时我可以在几秒内进入放松状态，无须进行全套训练，这改变了我的生活。后来我得知自己的学习进度比较慢，大多数人都比我更快地完成了每一个阶段的学习，但那又如何呢？最终我还是完成了学业，这就足够了。

除此之外，还可以尝试减少回避。如果不断逃避任何可能导致惊恐障碍的事情，那么恐惧清单就会不断变长。最好能偶尔地经受它们，虽然发作时会让你感觉受伤，但最终它们将随着时间的推移而消逝，并不会造成实际伤害。这并不是说你要不断地触发惊恐障碍发作来迫害自己，但确实应该找一个统一的、系统性的方法主动接近它们（详见第七章，以及关于认知行为疗法和系统脱敏法的部分）。

恐怖性焦虑障碍

从我的经验来看，应对恐怖性焦虑障碍在于对恐惧的场景逐渐"免疫"。

药物辅助

药物治疗特定恐怖性焦虑障碍的效果很有限。当遭遇没有人帮你就无法前进或者开始的瓶颈时，使用抗焦虑药物才是最有价值的。在这种情况下，服用几天苯二氮卓类药物可能会帮助你跨过治疗的障碍。不过请小心，如果服用镇静剂就能消除焦虑，那么它会变得非常有诱惑力，继续服用很容易埋下隐患。不过，其实还有另一种选择，那就是如若必要，在进入行为疗法的前几周就开始服用 SSRI 类抗抑郁药。请记住，只有在攀登恐惧层级阶梯遇到困难，而且没有药物辅助就无法前进的情况下，才比较适合用药。一旦不借助药物也能完成目标了，就可以与医生讨论在几个星期内逐渐减少剂量直至停药。

心理疗愈

对患有严重特定恐怖性焦虑障碍并因此难以过上正常生活的人来说，他们所需的主要治疗方法就是行为疗法。此外，还需搭配一些认知行为疗法中的"认知"手段，在放松练习的介入下，逐步将自己暴露于恐惧的对象或情境中（系统脱敏法和交互抑制原则，详见第七章）。这里的治疗关键是进行仔细、充分的准备。要想学会一种有效的放松练习法，最好能模拟详细的恐惧情境来制定尽可能多的恐惧层级阶梯。在实施的过程中，请务必**循序渐进地开始**。只有妥善完成"阶梯"中相对容易的一步，直到它能重复操作且完成难度不大了，才能向稍难的下一步进阶。每一步都不应迈得太大，但又都要比上一步更具挑战性。打个比方，登山靠的不是迈 10 次大步，而是 1000 个小步的积累。但这不是要求你真的在系统脱敏阶梯中设置 1000 个层级，只是要确保每个层级之间的跨度适中，不会令人望而却步。另外，每一层级都不该是可怕或痛苦的，但它应当能带来足够的挑战以让你产生一点焦虑，这样放松技巧才会有用武之地。试着继续缓慢而稳定地前进吧，努力坚持下去。正如前文所说，你可能需要一位治疗师的帮助，试着去问问医生吧。如果你没有治疗师，那可以找一位睿智的朋友，与他分享你正在做的事和取得的进步。最好能推荐他们阅读本书，或者至少读完本章和第七章，以便了解你努力的缘由和依据。

过去，一些治疗师曾使用"洪水疗法"，也就是把你置身于最容易引发焦虑的情境中，直到它消退。于是，蜘蛛恐惧症患者会被锁在满是蜘蛛的房间里，彼时他们的焦虑会上升并达到顶峰；但当他们最终习惯了蜘蛛的陪伴，焦虑就会下降。一旦直面恐惧并克服它，那么未来暴露在同一恐惧对象前时（在本例中是蜘蛛），就不再会产生同样的恐惧反应，因为"对恐惧产生恐惧"的恶性循环已经被打破。如果你实在没有耐心或者需要一种快速的解决办法，医生可能会建议你使用这种疗法，但我本人并不推荐。**治疗焦虑障碍所需的不是英雄气概，而是坚持不懈的毅力。**

广场恐怖

广场恐怖是恐惧症的一种，所以前文关于恐怖性焦虑障碍的内容对它同样适用，但它也与惊恐障碍有所重合。广场恐怖的特异性在于，每当你走出舒适区就会发生惊恐发作，这让人很痛苦，还会助长恐惧和回避行为。治疗它有三个关键点：首先，以最小幅的间距制定出多层级的恐惧层级阶梯，甚至可以比治疗恐怖性焦虑障碍或者惊恐障碍时制定的层级还要多；其次就是坚持，即使你在前进道路上偶尔倒退，即使你的进步看起来非常缓慢，也一定要坚持不懈；最后（我知道自己太唠叨了，但这真的很关键）是要擅长一种放松训练，练习，再练习，请坚持练习。

药物辅助

如果初期需要药物来帮助你迈出挑战恐惧阶梯的第一步，那就请用药。我前文提到，苯二氮卓类药物对恐怖性焦虑障碍的效果似乎不太理想，但是如果你发现你需要用它来帮助你迈出第一步，并且你的主治医生也同意用药了，那么不妨一试。去找医生或心理健康专业人士聊一聊这个问题。SSRI 类药物或许也能有效地帮助你的治疗更快取得进展。

心理疗愈

假设你一迈出家门就会惊恐发作，因此足不出户，那么对你来说，阶梯上的第一层级可能只是想象走到门外的台阶上。刚开始，这种想象一定要与放松训练相结合，定期重复，可能一天一次或更多，直到你能够顺利完成且不会引起严重的焦虑或恐慌。然后前进到第二层级，它可能是推开门几厘米，向外偷看 10 秒钟。现在不用把门敞开，也不要试图走出门来加速这个过程。坚持按照你准备好的层级阶梯，依次走好计划的每一步。理想情况是，攀爬的速度应该看起来慢得离谱，层级的间隔应该看上去窄得可笑，而离谱和可笑正是可怕的对立面。不管你做什么都不要逞强。不要想着"哦，我受够了，我要乘火车去伦敦，在牛津街上待一天"，只怕你还没启程就会在站台上经受严重的惊恐发作，然后发现自己已经前功尽弃，甚至倒退到不如从前。所以，缓慢而稳健地尝试与执行就是最好的方法。我的猜测是，做到能从正门出去待 10 秒钟的恐惧程度大概是在恐惧阶梯上爬 10 级，这至少要花两三个月的时间。等到你能去牛津街的时候，也应该只是在那时已经取得的成果上再往前一小步，做到这一步可能需要几年甚至更长的时间。

另外，学着去向他人寻求帮助吧，既要能从专业人士那里获得支持，也要在你迈出舒适区时有家人和朋友陪伴左右。

认知行为疗法（特别是"行为"部分）、正念练习和接纳承诺疗法都对广场恐怖有不错的效果。如果你无法立即获得一对一的治疗，可以考虑获取在线帮助。在此，我不打算推荐一个具体的线上计划，因为这要依照你病情的性质而定。但如果你预约的认知行为治疗遥遥无期，那么可以打电话或写邮件给你转诊的心理科室，向他们了解合适的在线资源，在等待期间寻求在线帮助。

社交焦虑障碍

社交焦虑障碍是最难治疗的恐惧症，但不是完全无法治愈。它需要时间、耐心、毅力以及来自他人的支持，既包括来自朋友和家人的，也包括来自治疗师的。你为此付出的所有努力都是值得的，因为有效的治疗可以极大地改善你的生活。

药物辅助

就像其他类型的焦虑一样，药物或许能帮助你有效地参与治疗。服用一两天的苯二氮卓类药物可以帮助你配合治疗或者克服一个难以逾越的障碍，但不要长期依赖它们。SSRI 类药物可以长期服用，但是一旦完成治疗并且能够与其他人接触，就可以慢慢地停药。MAOI 类药物（详见第八章）的使用难度较大，它对饮食有诸多限制，还会与许多药物发生相互作用，但它们似乎对社交焦虑障碍特别有效。在因为焦虑而出现脸红或其他症状的人中，有人因此无法正常地工作生活，β 受体阻滞剂能够为他们提供有效帮助——它是一种阻止肾上腺素作用于身体的药物，可以中断"对恐惧产生恐惧"的恶性循环。如果你知道自己的恐惧不为外人所知晓，那你也许就不会那么害怕它了，β 受体阻滞剂或许就能做到这一点。

心理疗愈

真正带来长期效果的，还是在治疗及治疗间隙付出的努力。请慢慢来，一步一个脚印前进。不要放弃，也尽量少去评判自己。相比于在社交场合中的表现，更为重要的是你是否参与其中。如果你去见一群熟人，见面 20 分钟后离开了，那就是一种成功而不是失败。你或许暂时还不能做得很好，但重要的是你相比以前做得更好了。阻止你克服恐惧和使你回避社交场合的主要障碍，不是缺乏技能也不是他人的评价，而是你自己，是你对自身和社交表现的不合理苛求。拜托了！如果你只能从本书中接纳一条建议，那我希望是**学会尝试并且坦然接受自己的不完美**。结果不重要，重要的是有没有尝试。战胜自己，拒绝苛刻地自我评判，你就会打败社交焦虑障碍。不妨把每一次经历都说给治疗师听，他会帮助你正确看待自己并坚持下去。

社交焦虑障碍的治疗通常基于认知行为疗法模型，不过也有证据表明，短期探索性心理治疗也会对某些患者有效。

（1）探索性心理疗法

探索性心理疗法着眼于导致你对社交情境产生恐惧的经历，并帮助你重新构建它们。我记得在寄宿学校上学时，有一次我和年级里最酷的同学在学生休息室独处。当时我做了一件让他发笑的事，然后我跟他说"不要笑，当心脸会裂掉"。我知道，这不是个好笑的笑话。但他冲我皱眉吼道："你就是一个行走的太平间，你才没法把我逗笑呢！"这话很伤人，在一段时间里影响了我的自信心，但我在恰当的时候重新构建了它。回过头来看，我发现这次言语攻击所反映的是他的问题，而不是我的。他是一个不快乐的孩子，需要让别人觉得自己很酷，他抨击别人是为了获得自我优越感。而我不需要成为世界上最有趣的人，我就是我，有人觉得我不错就行。**最重要的是，我该让自己觉得自己还不错。**在妻子和朋友的帮助下，我做到了这一点。一位探索性治疗师可能会让你重新审视生命中影响你的经历，让你走出伤害，并用另一种方式看待它们和你自己。如果这个故事触动了你，或是如果过去曾有某些重要的人做了什么或说了什么让你害怕他，你或许可以通过探索性心理治疗得到帮助。

（2）认知行为疗法

如果你觉得**过去的就该让它过去，用不同的观点和更有效的策略展望未来才能找到问题的解决办法，**那我要恭喜你，你和大多数心理学家持有相同的观点。在与认知行为治疗师或心理学家的治疗合作中，可能会涉及焦虑障碍的相关教育。他们或许会帮助你提升社交技巧，比如如何与第一次见面的人展开交谈。如果你能接受的话，他们还可能通过录像反馈，告诉你哪些技巧有用，哪些没用。在治疗中，他们或许会设计一些小练习，借此来说明过于关注自己和自己给他人留下的印象会如何影响社交场合的发挥并使你感觉更糟。与此类似的还有寻求安全感的行为（比如保持沉默）和回避行为（比如待在家里）。治疗师会帮助你把注意力更多地放在当下发生的事上，而不是如何给别人留下好的印象。他们会从无益的想法背后深挖出根深蒂固的信念（比如"我不够好""我会丢脸""我必须做到完美""我不知道别人最近是怎么看我的"等）。接下来他们将帮助你挑战这些想法和信念。他们会布置作业，帮助你改变消极的想法，引导你正确地认识自己想要尝试的是什么，并在事后对此进行评估。当你取得进步时，他们会用策略帮助你避免倒退。

有证据表明，一些基于计算机技术的社交焦虑障碍疗法是有效的，但是在英国国家卫生与临床优化研究所根据研究分析制定的治疗咨询指南中，并不建议医生将其纳入常规治疗手段。因此，如果你对这个想法感兴趣可以和相关的专业人士讨论一下。

不管你选择哪种治疗形式，请全力以赴坚持下去！我相信你的生活一定会变得更好。

健康焦虑障碍

如果你有一系列难受又可怕的症状，为此求医看病、做全面的身体检查、咨询资深专家，但就是无法找到这些症状的原因并得到确切的诊断。这时你很自然就会想："这是生理性的还是心理性的？"这个问题看似自然，但却是错误的，因为事实上它既是生理的，也是心理的。这些症状确实有生理基础，比如可能是感觉神经末梢异常敏感、姿态肌群痉挛、肠道平滑肌因过度刺激而痉挛、胃酸分泌过多、炎症反应过度活跃、肾上腺素和皮质醇分泌过多、血压升高和心率加快，也可能以上几种症状兼而有之。但是，所有这些身体上的变化都可能是焦虑的结果，而由此造成的恐惧会进一步导致恶性循环。

我是从切身经历中明白这一点的。我曾患有心房纤颤（atrial fibrillation，AF），这是一种非常难受又有潜在危险的心律失常。幸运的是，大约 8 年前我通过一种叫"消融术"的手术摆脱了它，但我知道它可能会在某个时候复发。在压力状态下我会出现反流（胃里的东西回流到食道）症状，它又会进一步导致心跳异常（我知道这是由于食道扩张刺激到心脏内的传导组织引起的）。这种感觉就像心房纤颤，十分令人紧张和害怕，也因此会引起更严重的反流。我在当时服用的药物有一些效果，但真正有效的是用认知行为疗法的原理来挑战无益又糟糕的想法——它只是心悸，它会消失，与此同时我还进行正念练习（感受心悸而不是对抗它，观察它的出现和消失）和放松训练（心悸与放松训练并不冲突）。最后，虽然焦虑发作仍会令人不快和不安，但这些影响已经变得轻微而短暂。

药物辅助

从生理机制角度缓和症状的药物（比如我服用的抗反流的药物）也能起作用，但不能替代有效的心理治疗。如果你受心悸困扰，那么 β 受体阻滞剂可能对你有效。如果在心理治疗真正起作用之前，你想用 SSRI 类药物或其他药物来减轻你的焦虑，这也是完全可行的。你可以使用任何有效的药物，不过你要在适当的时候逐步停药。

心理疗愈

如果进一步的身体检查和专家诊断都得不出结果，那么应该停止在这个方向上钻牛角尖。但认知行为疗法和我列出的其他方法会对你有帮助，所以试着去寻求心理治疗吧！这并不是说那些症状"全是想象出来的"。它们是真实存在的，确实也让你难以正常地生活和工作。寻求心理治疗意味着你选择了一条积极的道路，而不是一头扎进死胡同。如果你能熟练掌握本书列举的技能，那身体状况会得到极大的改善，生活也会随之变好。认知行为疗法将帮助你挑战那些给你增添焦虑的想法和假设（比如你的症状可能有多危险），但不会质疑这些症状本身的生理基础，因为这不是重点。正念练习将帮助你接受目前的症状，减少你对发展趋势的灾难性预测。治疗师会鼓励你去练习和放松，去做没有这些症状时你会做的任何事。坚持治疗，你一定会看到疗效的。

许多健康焦虑障碍患者都转向了替代疗法，因为觉得常规医学不能为他们提供想要的答案，也不够重视他们。我想再次重申，不管对你有用的治疗方式是什么，请知悉目前并没有什么证据能证明替代疗法的有效性，而且它们往往非常昂贵。如果你决定选择替代疗法这条路，为什么不考虑同时进行心理治疗呢？

依赖问题下的焦虑

这里强调一个容易被忽视的真相：**酒精能在短期内减轻焦虑，但长期大量饮酒只会加重病情**。如果你已经对酒精产生依赖，那么戒酒会导致焦虑在短期内加剧。如果你有严重酗酒的习惯（每周超过50酒精单位，即每周摄入500毫升以上纯酒精，相当于每周喝25品脱低度啤酒、17品脱高度拉格啤酒、4瓶葡萄酒或者两瓶700毫升的烈酒），那么在戒酒时应该寻求医疗帮助，因为靠自己突然戒酒可能会产生危险。但如果你只是慢慢戒掉酒精或者把饮酒量降到了健康水平（几个酒精单位，相当于每天一小杯），那么在1～3个月里你的焦虑水平可以回落到过量饮酒之前的状态。

如果你同时患有焦虑障碍和酒精依赖，那首先需要应对的是依赖问题，即使先患上焦虑障碍并因此酗酒也是如此。**如果患者继续过量饮酒，那么任何一种焦虑障碍疗法的成功率都几乎为零**。同时，在那些成功治愈了酒精依赖症的患者中，大约有 50% 同时也解决了焦虑障碍（包括那些为了消除焦虑而饮酒的人）。这可能是因为优质的戒瘾咨询和匿名戒酒互助会提倡的十二步戒瘾法，与有效治疗焦虑的方法有很多共通之处。那些没能在戒瘾治疗中解决焦虑问题的人，往往在随后的针对性治疗中反应良好。我已经解释了认知行为疗法、正念练习、接纳与承诺疗法及其他疗法的有效性，在此不再赘述。所以，**请先治疗你的成瘾问题**。如果还有需要的话，请在戒除酒精后立刻开始针对焦虑障碍进行治疗。

在存在加重焦虑风险的镇静剂中，酒精虽然可能是最糟糕的一种，但实际上大多数镇静剂在长期服用的情况下，尤其是剂量逐渐增加时，往往会有同样的问题。但苯二氮卓类药物可能是个例外，持续低剂量服用此类药物似乎不会加重焦虑障碍。问题出现在那些为了消除焦虑而加大剂量的人身上，通过加大剂量而产生的无忧无虑只是一种假象，我们要警惕和预防这种情况的发生。这种做法是十分不可取的，这只会带来更大的痛苦。

如果你需要通过药物来"祛除"酒瘾，也就是在戒酒后一周或更长时间内用药再逐渐减少药量，医生很可能会让你服用苯二氮卓类药物，如地西泮或氯氮卓。千万不要在撤药期后掉入继续服药的陷阱（除非你的医生明确建议你这么做）。任何有成瘾经历的人，面对其他潜在成瘾物质时的风险都会大大增加，而苯二氮卓类药物全部都在此列。

如果你定期服用阿片类止痛药，它们都会像酒精一样使你产生从焦虑中解脱的错觉。但当恐惧和痛苦随着时间的推移而增加，它们带来的影响往往会更恶劣。如果你已经对阿片类药物产生依赖，请立即寻求治疗。耽误越久，后果越严重。

如果你想服用安非他命或可卡因之类的兴奋剂，那么它们要么会引发焦虑，要么会加重你的焦虑。所有的兴奋剂无一例外都会引起焦虑。一些经常服用兴奋剂的人在戒掉兴奋剂后会变得抑郁。这时请及时咨询医生，他们可能会开抗抑郁药来降低这种风险。

如果你深受成瘾症的困扰，请不要过于恐惧没有药物的生活。一开始可能会很艰难，但未来将比过去更好，一天天地慢慢来吧。在我所认识的最快乐、最平静的人中，有一些曾经是匿名戒酒互助会和匿名戒毒互助会的成员。这些组织为许多饱受成瘾困扰的人提供了支持，帮助他们回归正常的生活。你可以在网上了解它们在当地的聚会，然后试着去参加。它们不需要你承诺什么，所以又会有什么损失呢？

第十章
来访者教给我的事情

我在前九章阐释了焦虑产生的原因以及如何克服它的方法，同时还提到了一些治疗方案。这些内容都有相当可靠的研究结论作为治疗依据。不过，研究固然重要，但那却不是全部。另一部分重要的依据来自前人的智慧，他们经受了焦虑的痛苦，找到了行之有效的解决手段。一些人在历经痛苦后，不仅领悟了它的意义，同时也找到了走出困境的道路，在我看来这是最高深的智慧。以下是我的来访者（以及几位从逆境中学习的朋友）分享给我的一些见解，还有我在聆听他们故事时的一些发现。有些内容在前文中已有提及，不过我认为有必要把它们放在一起，方便你从中挑选对自己有用的部分。

接纳自己最初的样子

这一点可能是所有见解中最重要的。对幸福人生构成威胁的不是身体的不适症状或生活中的不幸，而是羞耻感，是它让你不愿承认自己的困境也不愿采取行动。饱受焦虑困扰并不代表你就是弱者，也不代表你不如他人有价值。患上焦虑障碍的背后都有正当的理由（详见第二章），而你本身并没有任何过错。实际上，容易出现焦虑的恰恰是最体贴、最勤奋的那群人。由于下一节的内容将提醒人们不要做价值评判，在此我不会说焦虑障碍患者都是最好的人，但他们一定不是最坏的。在你决定采取行动或寻求帮助之前，请务必先接受自己有焦虑问题的事实。

接纳自己的样子，可以让目标实际一些，这也就意味着减少认知失调（详见第二章）。

尽可能少做价值判断

正如第六章所述，如果你患有焦虑障碍，那你很可能比绝大多数人更倾向于自我批判。你对自己做了太多价值判断，比如"我真没用、软弱、可怜、糟糕、懒惰、懦弱……"，这是一种双标，因为你对别人应该不会做这么多批判。假如你能开始质疑它们，像对别人那样对待自己，那么你的焦虑就会得到缓解。比如，你有表演焦虑的主要原因不是害怕他人的评判，而是害怕你对自己的评判。你真正畏惧的是你自己。当然，你在表演之前会担心自己表现差被人挑毛病，但这是因为你从一开始就认定观众会批评，即便他们什么都还没做。所以，试着挑战这种自我批判的倾向吧。只对自己说那些你喜欢跟好朋友说的话。**对自己公平一些，给予自己与大家一样的尊重。**

不过，我不是说你要避免一切价值判断。你需要通过对他人作出判断来提防那些利用你和欺负你的人。如果你缺乏自信，那可能会有吸引同类人的风险。此外，你身边还会有许多不关心你的人，要避免被他们的观点影响太深。

最近我看了电影《否认》（*Denial*），讲的是黛博拉·利普斯塔特（Deborah Lipstadt）的故事，她在"犹太大屠杀否认者"戴维·欧文（David Irving）的诽谤案中胜诉。利普斯塔特教授点评道，关于这一真实事件，各种观点并不享有同等的价值。仅仅因为有人发表了相反的意见，并不意味着这场争论就有正反两面的合理解读。因为脱离事实的观点是错误的。在此给大家推荐我最爱的格言：一个人观点的严谨程度往往与他的知识储备和智慧程度呈反相关。**想把观点和建议强加给你的人，往往是非常无知、偏执和自私的人。**

请小心这种人，他们会让你做一些违背自身感觉的事。这时候，如果你认为他们是坏人，那是完全没问题的。但如果他们给你带来了不好的影响，你就应该对他们敬而远之。

吃一堑，长一智

任何人都可以成功，至少获得短期内的成功并不困难，只是你必须强迫自己做超乎常人忍受力的事。

这种状态并不持久并且需要付出一定代价，比如承受心理压力和身体上的伤痛，但这样的成功是可以做到的。在这里，真正重要的技巧是放手一搏，全力以赴，勇于承担风险；如果无力为继，那就从失败中汲取经验教训并在整个过程中善待自己。能够做到这些的人会变得睿智并有所成就，那也就没有理由害怕了。如果失败只是另一种学习体验，那就无须惧怕它。不过，为此你还得克服英国文化中的弊端。因为英国社会已经走向了一个施虐、受虐的病态状态，总是迷恋惩罚、失败和错误。看看每次灾难过后的报纸，葬礼还未举行，就开始被要求实施惩罚，坚持"必须有人付出代价"。不管是否真的存在渎职违法，人们都会认为如果有人得到惩罚，那么大家就会感觉舒服一些。事实上，找替罪羊没有一点益处，因为坏人总有办法逃避责任而好人却因为恐惧动弹不得。所以，请不要对自己作出同样的行为。只有带着善意、敬意，你才能从错误中学习，尤其是从自身的错误中。

有时，人们很难接受在以下这些重要的方面失败，比如给人留下好印象、受人喜爱和取悦他人。一旦你能坦然接受不是每个人都喜欢和尊重你，那你就自由了。**请自由地做自己，自由地做选择吧。** 到那时你就能真正体验生活和人际交往，而不是沉浸在反省自己表现如何的忧虑中无法自拔。从我的个人经验来看，这是对自我的一种惊人解放。少一些在意（在以后的日子里可以再增加）、多一些体验，建立并守卫好你的原则边界。也就是说，**你要想清楚自己可以同意什么、不能接受什么以及如何说"不"。** 当你第一次拒绝了别人的要求、忍受他们的失望和不快并守住了你的边界，相信这一定会是你有所好转的第一天。当然，你可能会在短时间内会感到更加焦虑，但是这种恐惧将很快被释然取代。如果有人给了你建议而你没有采纳，即使最后证明他们是对的，那也没有关系。毕竟你无法未卜先知，犯错也很正常。

让"假装"照进现实

这条见解包括"弄假成真"法和十二步戒瘾法，

我在第二章中已有论述。这很管用，你会成为自己假扮的样子。所以，试着像你期望的那样表现自己，效仿你羡慕的人吧。你可以假装很自信，假装别人能见到你是他们的荣幸，假装你在做的只是无关紧要的小事，假装你并不在乎，假装对结果很有把握，假装恐慌只是"清风拂山冈"。试着感受恐惧，放手去做吧。有一本关于战胜恐怖性焦虑障碍的佳作叫《直面恐惧，从容应对》（*Feel the Fear and Do it Anyway*），它的书名也表达了类似的观点。请相信我，只要坚持得够久，你就能成为你假装的那类人。这不是不诚实，而是在练习你想成为的样子。

不在自动扶梯上行走或奔跑

这点在第六章已有讨论，仅在此做个提醒。任由扶梯或是人生，带你去下一个地方吧。如果你到达站台时，地铁刚好离站，那就让它去吧，总会有下一班进站。要知道，**站在自动扶梯上错过地铁的概率，和急匆匆跑下来仍赶不上的概率是一样的。**

另一个比喻可能会更好。假设你乘坐巴士旅行，途经美丽的村庄，你想由自己来决定参观的路线，于是就从座位上跳起来，把驾驶员推到一边，握住方向盘……放弃这种想法，好好欣赏沿途的景色吧！可能这个景色不是你选择的，但是不可否认它也很美。如果你去开车，那你能看到的就只有前方的路了。放开对生活的掌控，人生可能会变得更有趣。

培养一双发现机遇的眼睛

第六章提到了这一点，在此就不再唠叨一遍了，但请不要忘记它。留意人生中的机遇，不要让悲观阻止你抓住它们。要适当地冒一些风险……

过去没法预测未来

请不要屈服于迷信。走几次背运并不意味着你就是不幸之人，以后你也未必会继续遭遇厄运。其实，并没有"邪恶小鬼"在你的肩头作祟，你也没有受到诅咒。魔法仅存在于电影和《哈利·波特》这样的小说中。面对命运的捉弄，你大可一笑置之，因为**所谓的命运并不存在**。焦虑不能阻止灾难，所以乐观一点没有什么不好。

选择最适合你的方法

　　每个人都是独一无二的，焦虑障碍患者们也不例外。对别人有用的方法不一定能帮到你，但其他方法或许就对你适用，所以请坚持不懈地寻找它。你可以参考第五、六章的建议，一定有某种方法能对应解决你的焦虑，把它找出来吧。它可以是你想要尝试的任何东西，并不局限于我的推荐。比如，如果改变日常饮食对你有用的话，那你可以去尝试。但是，请不要浪费太多时间在替代疗法上，除非它真的对你有效。此外，三姑六婆推荐给你的万灵丹可能不太管用，所以忽略这个建议也没什么不好意思的。但是，请尽量听从治疗师的建议，因为他们的建议基于丰富的经验和研究成果，能更实在地帮助到你。但是如果治疗师的建议没有起到应有的效果，或者他的治疗风格不适合你，那就换一位吧。可能你要努力争取这些，毕竟医疗资源是有限的。要知道，每个久受严重心理问题折磨的患者（也包括可能长期受焦虑困扰的你）都有权获得针对性的有效治疗，而不是千篇一律地使用同一种疗法。

主动寻求可靠帮助

在应对焦虑的过程中，有人支持比孤军奋战会好得多，所以向你身边信任的人寻求帮助吧。请确保是由你来选择他们，而不一定是他们主动找到你。因为好心肠的人乐于助人，但同样会把自己的想法强加给你，让这种帮助因此变得毫无意义。你或许要足够坚定才能与这样的人保持距离，但请努力坚持下去。把带给你温暖和治愈的人留在身边吧，远离那些给你带来压力的人。

不求改变等于"原地踏步"

这一点看似人尽皆知，但其实不然。很多人认为如果继续像之前那样生活，情况也许会自己变好，又或者认为自己可以依靠药物来寻求治愈。药物在某些场景下或者针对某次疾病的发作是有效的，比如短暂的惊恐发作。但是药物往往治标不治本，这是企图依靠药物摆脱焦虑障碍必须面对的弊端之一。如果没有结合使用其他的有效疗法，那你很可能会形成期待药物治疗的倾向。请注意，药物并不能治愈你；相反，**用药只是为了争取时间**，让你及时作出必要的改变。同样，你的治疗师也不会"使你好转"，**能改变一切的是你**。只有你自己才能做到，所以请理解自己焦虑的成因，反思自己的习惯和思维方式，制订行动计划并执行起来吧。最糟糕的其实不是你的恐惧，而是什么都没有改变。如果你通过阅读本书，理解了焦虑障碍背后的原因，那么从现在开始，在生活中作出一些改变吧！

关心，却不过分在意

这个平衡很难掌握。你要关心自己，也要关心他人，这样他们才会关心你。在我看来，这种情况在市郊的上班族聚居区已经消失了。社区氛围或者说对直系亲属以外之人的关心已经消失不见，剩下的只有忙忙碌碌和埋头追求成功。有一次我的一位来访者被困在拥挤的通勤车厢里，晕倒在门边。其他乘客却慢慢远离伏倒在地的他，熟视无睹。直到下一站停车时，离他最近的两位男士才半推半踢地把他弄到站台上，他们还小心翼翼地避免弄乱自己的西装，然后关上了车门。想必这些人一定自诩为文明人士，那么是什么导致了道德的沦丧，使他们对同类如此冷漠？我想，也许他们面临的工作日焦虑和一心想成功的决心吞没了他们的同情心。

请多关心其他人或事吧。不论你的生活压力多大，不论你面临着什么样的威胁。但关心也要注意尺度，不要太在乎他人。如果你担心每一个人、每次行动、每处差错、每种不幸和所有可能的未来，那你并没有活在真实世界里，你活在了自己想象出来的噩梦世界里，而没有体验周遭的真实世界。就像第六章提到的那位高尔夫球运动员，他说服自己不去关心推杆的结果，因为只有这样才能正常发挥，让他成为最终获胜的推杆高手。在生活中也尝试一下他的做法吧。把更多注意力放在你选择的和有能力做的事情上，不要对结果过于紧张。

多对幻想提问

我的妻子是美国人，和她的同龄人一样，她在多年前接受过一段时间的心理治疗。她向治疗师诉说了自己的各种担忧，这位智慧的治疗师通常会反问她："为什么你会有这种幻想？"这话说得没错，即便生活中会有不好的事发生，它们也与你担心的内容无关，担忧完全是在浪费时间。虽然完全停止担心不太可能，但你至少可以养成习惯去质疑自己的担忧，然后再看清它们的本质——**担忧即是幻想**。

殊途同归，愿能活得精彩

我的一位好友得了转移性前列腺癌。他积极配合治疗，所以效果非常好，身体状态也保持得不错，哪怕他知道有一天癌症还是会要了他的命，但他依旧积极向上。这位了不起的朋友是我见过最快乐的人。我曾问他，面对生命的不确定性，他是如何保持良好心态的。他回答我说："人终有一死，但我要在那之前尽可能多做一些我热爱的事。"请像他一样，**拥抱你的现在吧，好好生活才不会辜负自己。**

追求良好胜过苛求完美

生命像是一场马拉松。在人们努力进取的领域中，不管是工作、养育子女、保持健康、运动健身、维持外貌还是其他，都应该合理地根据自身能力保持良好的状态。相比于追求完美，这样能得到更好的结果。在我的来访者中，不乏各行各业的高层以及名气与财富加身的政客、演员和运动员，虽然这些人都有自己的烦恼，但他们都明白，也能接受自己的局限。我曾问一位非常成功的职业高尔夫球选手：既然知道比赛结果可能改变自己的一生，你会如何应对重大赛事带来的压力？他似乎不太明白我提问的缘由，回答说："就是一直向前。只考虑眼前这杆球，不去想更远的事，也不去想你的对手，只是单纯地把球打出去。"**只关注此时此刻在眼前的事，把其他都抛诸脑后，做到自己所能达到的最好程度而不与别人作比较**——这就是冠军之所以为冠军，而一些同等水平的人却只能黯然收场的原因。所以，试着努力变得更好吧。坚持下去，但不要追求完美，别把自己当作超级英雄。与此同时，别要求自己做常胜将军，这不太现实，你也不会希望别人这样。

学会消气

愤怒和恐惧是同一事物的不同表现形式（见第一章，"战逃反应"）。所以，我们面对愤怒要有所行动，不能任其爆发。你可以通过心理咨询、冥想、放松和运动来控制它，抑或是通过工作、竞技体育和锻炼将其转化和升华。请保证在这种状态下一定做点什么，因为长期的愤怒会破坏你为缓解焦虑所做的一切努力。

一切都将过去

这里我指的是处境和症状。焦虑状态会伴随你一段时间，它可能是一场长期的拉锯战。但如果你坚持治疗，作出必要的改变，那么它最终会消失，可能只是在最终胜利前会有多次反复。

但人的处境是不会保持不变的。不管是好是坏，我们能确定的是，没有什么能永垂不朽，除了爱、死亡和纳税。**只要有足够的耐心，事情就会迎来转机。**惊恐发作或者焦虑引起的其他生理症状，不管多可怕，都会在一定的时间后得到好转。所以请不要盲目行动，平静地坐下来。不要因为想设法逃离不好的处境，而妨碍问题得到自然的解决。

坚持就是胜利

请努力坚持下去。冰冻三尺，非一日之寒，因此不要妄想在第一次正念练习开始的瞬间，焦虑就会彻底消失。症状的缓解和反复在疗愈过程中时常交错出现，这确实很容易令人灰心，但请不要放弃。还记得过去总在电脑上骚扰你的弹窗广告吗？你会一个个地屏蔽它们，直到它们不会再跳出来。虽然垃圾邮件还在，但弹窗广告基本上已经被你"消灭"了，因为做到这点只需有足够的耐心。对待焦虑也是如此。请从本书中选择合适的疗法和你想要的变化，选择适合自己的坚持下去，最终你会到达彼岸——获得不再被焦虑支配的人生（但并非对焦虑免疫，除了精神病患者没人能做到这点）。

心平气和，顺其自然

多丽丝·戴（Doris Day）在 1956 年发行了歌曲《顺

其自然》（*Que sera sera, whatever will be will be*），给幼时的我（天哪，暴露年龄了）留下了深刻印象。我想这首歌的作者应该对心理学略有所知，更重要的是，他知道如何过好这一生。歌词传达给我们的信息是，你无法影响未来也无法预见未来，所以把自己交给未来吧，不论前路有什么在等待。焦虑也是如此呀！不要害怕自己的恐惧，也不要与它抗争。去做一些有益的事，在适当的时候你自然能够摆脱焦虑，但不要有意识地对抗它。当它卷土重来时，重复上次有用的方法就好。如果你有需要的话，也可以接受更多的治疗。**做对的事，但让焦虑顺其自然。**

你是不是觉得这一章看着很眼熟，像是我在重复之前说过的话？你的感觉是对的。欢迎来到心理疗愈，克服焦虑障碍就是需要**重复**，一遍又一遍地做相同的事。你需要从各个角度仔细审视自己长期确立的思维模式，用各种方式质疑它们，一次又一次地改变同一种倾向。这样，你的焦虑终将会被消灭，只不过它是呜咽着死去而不是轰然倒下。这不是通过什么惊

人之举，而是通过一遍遍的重复和单调乏味的坚持来
实现的。

　　你或许也发现了，我给来访者推荐的疗法正是从
我曾经的咨询经历和有幸结识的朋友那里学来的。我
还要感谢研究员和同行们辛勤工作研发出有效的疗
法，同样给我带来很多启发。其实，没有什么是我发
明的，书中大部分知识都已有上百年的历史。我确实
从他人的经验和研究成果中借鉴了许多，如果有人因
此提起诉讼的话，我怕是难辞其咎。不过，如果能让
你从焦虑和恐惧中解脱，谁又会在乎这些小事呢？

结　语
写给萨莉的话

　　不知道你会怎样看待这本书,我期待它带给你的绝大部分是希望。你不必再与焦虑搏斗和抗争,实际上你若无须这么做就更好了。你的行动本身举足轻重,随之而来的焦虑却无足轻重,至少在短期里它是如此。你不必为焦虑障碍感到羞愧,事实上它可能正说明你是通常意义上的好人。你不用害怕药物,因为只要谨慎使用,它们就能给你提供巨大的帮助。心理治疗同样没什么可怕的,它们切实有效而且疗效持久。本书中有丰富的技巧供你学习,也向你展示了人们可以做到的许多改变,它们不仅能缓解恐惧,还能在其他层面上改善生活。请保持耐心坚持下去,千万不要放弃。治疗焦虑是一场持久战,有时或许还要经历症状的反复。

我想现在是时候再造访导言中提到的萨莉了。不如这样，我先休息一会儿，你来试着和她交流一下吧。根据从本书中学到的知识，你会向她提出哪些建议？她需要作出什么改变？又该寻求怎样的治疗？她该从哪里开始？在等候治疗期间她又能做哪些事？你可以重读一下导言部分，同时思考上面的问题，然后再看下一段内容。我想你知道该对她说什么，这些话可能对你也同样适用。

现在我来告诉你我打算对她说什么。大家准备好了吗？我们这就开始。

萨莉，首先这不是你的错。焦虑有多方面的起因，有一部分是源于你自身的基因，但更大程度上源于你的生活（尤其是早年）经历。你是一个可爱、善良、体贴的人，不该用严苛的语言打击自己。你要认清自己的现状，接纳自己现在的样子。如果你想逃离恐惧的囚笼，那我们还有许多工作要做。接受自己的起点吧，开启疗愈旅程的同时也给予自己足够的尊重。

然后，和你的医生聊一聊吧，现在就去。我知道目前对你来说迈出家门很困难，你或许可以找一位朋友或家人陪你同去。如果实在不行，可以让医生上门出诊。请一定坚持争取就医，因为这样的资源非常稀缺。如果有必要的话，可以请人替你打约诊电话。与医生见面时你要记得告诉她自己的症状，并告诉她你是如何被困在家中难以外出的。你还可以向医生咨询自己是否需要服药，记得一定谨遵医嘱。最重要的是，如果有必要，请向医生提出转诊并要求接受专业的心理治疗。

在接受正式治疗前，你可能有至少数周的等待时间。在此期间，你可以开始尝试放松练习。可以在手机上下载"头脑空间"这个应用，学习其中免费试用的正念入门课程。如果你有兴趣的话，还可以选购一本我在第七章推荐的正念书籍。或者，你也可以尝试看一本认知行为疗法的指导手册。无论采用何种方式，你都要开始改变原本的思考和行为习惯啦！请努力接纳焦虑而不是与它抗争；请试着活在当下，而不是花太多时间追思过去或幻想未来，要放下未来和现在的不完美、不公平和不确定性。随它们去吧！你要处理的是眼前事，而非你害怕将要发生的事。请试着改变对自己说话的方式，这不是指音量的高低，而是在脑海中自己对自己说的话。请试着成为自己更好的朋友。其实，对自己宽容与对他人善良并不矛盾，如果你能对自己更好一些，当然就会有更多的善意分享给他人。善意就像星星之火，终会燎原。

　　还有特里西娅，她能给你带来什么帮助呢？没错，我知道她告诉你，她很棒、你需要她，但她实际做过什么呢？什么？她是你唯一的朋友？那就去找个更好、更善良、更乐于奉献也更加可靠的朋友吧。我是认真的。你或许觉得没人想认识你，但实际上如果你给他们机会的话，有大把的人想跟你认识呢。当然，这么做也意味着要承担一些风险。你可以请特里西娅离开你，自己独处一段时间，然后等机会来临时再和他人开始互动。请答应自己，无论结果如何都不要因此批判自己。能和特里西娅以外的人聊上天就是一种进步，即使他们拒绝你也没有关系。结果并不重要，重要的是你尝试和别人接触了。我相信，如果你坚持下去，终会遇到能接纳你的人，到时候你就能找到真正的朋友，而不是特里西娅那样假装是你朋友的人。

　　请向身边真正的朋友寻求帮助，我指的是那些你选择的人，而不是那些想利用你而选择你的人。真正的朋友会耐心地倾听，而不会敷衍地抛出俗套的建议，他们应该也是真正睿智的人。对待家人也是如此，敞开心扉的对象应该是那些乐于帮助的人而不是只会评头论足的人。不过，还请注意自己寻求支持的分寸。一开始，你可以大量寻求帮助；但随着时间的推移，当自立能力得到提升，就该逐渐减少这些需求了。如果你一直在每件事上都要求安慰和帮助，那会让你养成依赖心理，最终无法独立完成任何事。

萨莉，你需要努力一段时间才能毫无约束地去任何想去的地方、做任何想做的事。从现在就开始列出自己恐惧的情景吧！按照恐惧的程度大小进行排列，构建一个恐惧层级阶梯，记得尽可能多地设置一点层级而且把跨度设置得尽可能小。不要想着自己要作出大跨步式的改变，你需要的只是无数个小步的积累。在放松训练的辅助下，你会慢慢登上每一层阶梯，克服每一种恐惧。请不要因为进展太慢或没有进展就批评自己，对自己耐心一些，只要持之以恒就够了。接受可能出现的反复，坚持向前，你终会有达成目标的一天。

当那天来临时，我很乐意与你一起庆祝。摆脱束缚已久的焦虑，最终迎来解放和新生，那是一件非常值得雀跃的事情。眼下，请走好这段通向快乐和平静的旅程吧。

祝你一路顺风！